Do It Scared

面對恐懼的勇氣

克服七大恐懼原型，拒絕做別人成見下的奴隸，創造自己想要的生活

Ruth Soukup

露絲.蘇庫普——著

廖綉玉——譯

好評推薦

露絲・蘇庫普狂熱且眞誠，讓人耳目一新。她有眞才實料，經歷了「恐懼行事」的時刻，並睿智地與人分享。讀完本書後，你將有能力開始對付自己最大的恐懼。

——哈爾・埃爾羅德（Hal Elrod），

《上班前的關鍵1小時》（*The Miracle Morning*）

與《奇蹟方程式》（*The Miracle Equation*）的作者

露絲・蘇庫普有眞才實料。她是我認識的人之中極爲聰明、勇敢、善良的一位。《面對恐懼的勇氣》充滿了眞知灼見，如果你想克服讓自己退縮不前的恐懼，請將本書當作指南，我保證這會改變你的人生！

——麗莎・雷納德（Lisa Leonard），

珠寶設計師暨《勇敢的愛》（*Brave Love*）作者

如果你厭倦做平凡的事，並準備好迎接未來，露絲．蘇庫普將爲你提供一開始所需的可行步驟。《面對恐懼的勇氣》是實用的指南，可確認你的狹隘信念，克服恐懼，創造你夢寐以求的生活。

——麥克．海亞特（Michael Hyatt），《紐約時報》暢銷書作者

露絲．蘇庫普是世界上大膽勇敢的英雄。她的故事、力量，以及從事實與可能性的角度看世界的珍貴能力，讓她成爲我認識的人之中極爲激勵人心的一位。《面對恐懼的勇氣》是我們這個世代的重要著作，因爲這個世代比以往更需要實用工具來實現自立自強。

——蘇西．摩爾（Susie Moore），信心教練暨作家

人們喜愛做夢、想像、懷抱希望，但接著恐懼出現了，那些夢想陷入了遺憾與無所作爲的泥沼。《面對恐懼的勇氣》會讓你擺脫有害的恐懼，邁向具有目標與意義的人生，而身體、情感、精神和人際關係的豐足，將證明這件事。請準備從「但願」邁向「我做到了」。

——丹．米勒（Dan Miller），《紐約時報》暢銷書《48天找到你愛的工作》（*48 Days to the Work You Love*）作者

這本出色的書是將偉大想法變成偉大事情的指南。露絲．蘇庫普幫助你了解恐懼的根源，這樣一來，你可以選擇勇敢行動，而不是做出充滿恐懼的反應。「恐懼行事」不僅是口號，也是大膽的行動計畫，可以幫助你擺脫慣性，讓你做到想做的事。

——泰絲．馬斯特斯（Tess Masters），《攪拌女孩和完美融合》（*The Blender Girl and The Perfect Blend*）作者

《面對恐懼的勇氣》出現在我感到倦累的時候，那時我對於職涯要採取的下一步束手無策。這本書給了我所需的鼓勵，同時提供工具讓我制定行動計畫並重新振作。

——艾琳．奧德姆（Erin Odom），《不只是實現它》（*More Than Just Making It*）作者，暨 thehumbledhomemaker.com 創立者

終於有一本書不是讓恐懼成爲敵人，而是將其當作強大資源，實現你想要的目標！現在我唯一的恐懼是你不讀這本書。

——麥克．米卡洛維茲（Michael Michalowicz），《放手經營》（*Clockwork*）與《獲利優先》（*Profit First*）作者

如果任何人要克服自己面對的恐懼，實現喜愛的生活，那麼《面對恐懼的勇氣》是必讀的書。這不是華而不實且自我感覺良好的心靈勵志書。這本書調查了四千多人，並聘請研究人員分析數據，向我們說明如何以鼓舞人心而非羞辱的方式擺脫恐懼，讓人深獲啓發。

——布莉・麥考伊（Bri McKoy），《來吃吧！》（*Come & Eat*）作者

《面對恐懼的勇氣》按照計畫消除了限制許多人並使其無法發揮天賦潛力的恐懼。

——鮑伯・洛蒂奇（Bob Lotich），《管好你的錢》（*Managing Money God's Way*）作者

如果你發現自己在說「我絕對不會成功」，那麼你必須閱讀這本書。《面對恐懼的勇氣》讓我了解到，恐懼可能會破壞我未來發展前途的所有方式。露絲・蘇庫普提供了克服恐懼的實用策略，並邀請我們把握志在取得的成功。

——貝琪・柯琵斯基（Becky Kopitzke），《狂想媽媽修復計畫》（*The Cranky Mom Fix*）與《慷慨的愛》（*Generous Love*）作者

當露絲・蘇庫普分享「設定目標」與「遠大夢想」的智慧時，我注意到了。「恐懼行事」可能一開始是她的口頭禪，但我一直看著她實踐這本獲得強烈推薦的手冊中詳細介紹的工具與鼓勵，而且沒人做得比她更好。

——珍・施密特（Jen Schmidt），演說家暨暢銷書《開門迎客》（*Just Open the Door*）作者

露絲・蘇庫普理解要克服那些讓我們退縮的艱難任務是什麼感覺。我強烈推薦利用這個實用、鼓舞人心、自省的方法來克服恐懼，以幫助你過著夢寐以求的生活！

——露絲・施萬克（Ruth Schwenk），TheBetterMom.com 創辦人暨《暫停，緊迫時刻》（*Pressing Pause*）共同作者

對於那些厭倦了受恐懼束縛的人而言，《面對恐懼的勇氣》是完美的資源。如果你準備面對恐懼，擁有原本應該過的生活，那麼一定要讀這本書。

——麥克・凱爾切瓦爾與卡莉・凱爾切瓦爾（Mike + Carlie Kercheval），FulfillingYourVows.com 共同創辦人，暢銷書《奉獻的對話》（*Consecrated Conversations*）作者

露絲・蘇庫普知道如何點燃在恐懼面前燃燒的火焰！如果內心的恐懼阻止你追求夢想，那麼《面對恐懼的勇氣》可以成爲你的指南，而它也是我的指南。

——瑞秋・沃約（Rachel Wojo），《更進一步》（*One More Step*）的作者

閱讀恐懼原型的書，幫助我更了解自己退縮不前的原因，也讓我能以特定的方式克服恐懼。我非常喜歡這本書。

——喬恩・克羅恩（JoAnn Crohn），No Guilt Mom 的創始人

我擔心失去平衡，失衡會導致失敗。然而，我讀到《面對恐懼的勇氣》中的這一句話：「我們的使命不是保持平衡，而是達成目標。」我醒悟了。露絲教導說，我們付出的一切努力都有目標，這本書可以幫助你擺脫恐懼，達到你應該達到的目標。

——凱特・艾爾（Kate Ahl），Simple Pin Media 的老闆暨執行長

露絲・蘇庫普爲我們提供了眞實、精采、實用的指南，幫助我們創造喜愛的生活。《面對恐懼的勇氣》傳授工具與技術，讓我們可以發現自己的恐懼並找到勇氣加以克服。露絲對於恐懼的脆弱，以及如何創造喜愛的生活，實在激勵人心！

——妮可・魯爾（Nicole Rule），greatworth.com
負責人與露絲・蘇庫普輔導的學生

露絲・蘇庫普利用七個恐懼原型，協助你認識恐懼的表現方式，讓你了解如何接納「勇氣原則」，當你克服恐懼時，這些原則可以鼓勵你。她分享實際策略，讓你將那些目標分解爲可管理的日常行動步驟，這樣你就能每天操作並獲得成功。

——艾比・羅森（Abby Lawson），justagirlandherblog.com
與abbyorganizes.com作者暨所有者

對於因爲某種阻礙而覺得自己並未充分發揮潛能的女性而言，《面對恐懼的勇氣》是她們必不可少的讀物。這本書激勵人心，內容豐富，眞正啓發人心。

——克麗希・哈爾頓（Chrissy Halton），
OrganiseMyHouse.com負責人

「恐懼行事」是我的新口頭禪。我討厭放任恐懼而讓自己退縮不前，這本書允許我承認這些恐懼，這樣我才能克服它們。露絲・蘇庫普根據個人經歷，以及她協助改變的人生故事，提供了有力的建議與見解。

——賽拉・玻兒（Saira Perl），MomResource.com 創辦人

赤裸、眞實、強大！《面對恐懼的勇氣》以令人信服的方式提醒我們，當我們走出舒適圈並擺脫慣性時，可能發生的事情。如果你需要強大的動力才能繼續前進，一定要讀這本書。

——艾比・瑞克（Abby Rike），abbyrike.com，《解決它》（*Working It Out*）作者

我一生都在應付恐懼，讀《面對恐懼的勇氣》讓我大開眼界，並得以走出受困的地方。露絲分解了可控制的行動計畫，並說出事實以消除藉口，提供了可應用於生活的寶貴工具。

——凱西・特瑞南（Kasey Trenum），kaseytrenum.com 創辦人

《面對恐懼的勇氣》帶我完成一次個人療程，讓我能自我覺察，同時贏得冠軍賽。這本書讓我理解自身的恐懼，還提供實際步驟幫助我擺脫恐懼，將它變成正面的事物。現在我知道如何用勇氣取代恐懼，這讓人感覺自由。

——戴・麥尼利（Tai McNeely），His and Her Money 共同創辦人

《面對恐懼的勇氣》是讓人耳目一新的獨特讀物，它幫助我以正面的嶄新眼光看待自己的優點與缺點，同時讓我終於克服了阻礙我實現最大目標的障礙。

——珍妮佛・羅斯坎普（Jennifer Roskamp），The Intentional Mom 創辦人

每位女性都得讀《面對恐懼的勇氣》，這本書不僅幫助你發現恐懼的根本原因，而且露絲還展現同理心，愛之深，責之切，並提供鼓勵。我將這本書推薦給所有的朋友。

——泰妮雅・泰勒・葛里菲斯（Tania Taylor Griffis）部落格 www.runtoradiance.com 作者

《面對恐懼的勇氣》是給那些想擁有勇敢充實的生活，但不知怎麼做的女性之禮物。露絲已經實踐了她宣揚的道理，因此她的建議不僅非常激勵人心，而且可行。她是每位女性生命中都需要的那種鼓舞人心的心靈導師。

——塔莎・阿格魯索（Tasha Agruso），Kaleidoscope Living創辦人暨執行長

阻止你變成天生注定的那種女性的最大阻礙是什麼？恐懼。《面對恐懼的勇氣》永遠是你面對恐懼時的入門書。恐懼行事，全力以赴。

——克莱兒・迪亞斯—歐提茲（Claire Diaz-Ortiz）ClaireDiazOrtiz.com作者暨演說家

我能想到最重要的事就是：前進，面對自身的恐懼，著手做最讓我們感到恐懼的事。露絲．蘇庫普針對那些讓我們退縮不前的因素，提供精闢的洞見，同時提出如何克服挑戰並「恐懼行事」的深刻見解。如果你想過最棒的生活且真正發光發熱，我大力推薦她的這部著作！

——麥克．山德勒（Michael Sandler），Inspire Nation Show 主持人（www.InspireNationShow.com）

《面對恐懼的勇氣》能幫助你擺脫所有愚蠢的藉口，並恐懼行事，因此你真的可以過著想要與應得的生活。露絲．蘇庫普是每位女性都需要的那種提供支持的教練。

——葛莉．辛丁（Gry Sinding），企業家、企業訓練師、策略師、勵志演說家

每個人都面對著自己的戰爭，露絲．蘇庫普的勇氣證明了接納自身故事並與世界分享的驚人力量。她提醒我們，即使我們感到害怕，即使我們不是專家，即使我們感到心碎，也能過著豐富的生活，值得擁有這種生活，也值得別人的愛。

——凱西．海勒（Cathy Heller），作曲者暨播客 Don't Keep Your Day Job 主持人

我很驚訝露絲・蘇庫普能指出我們的不安全感、恐懼和狹隘的信念，她清楚地反映這些事物，並提供計畫讓我們克服這些令人退縮的因素。每個人每年都應該至少閱讀這本書一次，幫助他們確切記住自己的模樣及「恐懼行事」時可以做的事。

——金・安德森（Kim Anderson），部落客暨《生活、節省、花費、重複》（*Live, Save, Spend, Repeat*）作者

我屬於被排擠者原型，露絲・蘇庫普在這本出色著作裡強調的許多內容讓我很有共鳴。我很熱中於找到勇氣，能在舒適圈之外執行任務，這就是所有魔法發生的地方！本書充滿了度過艱難時期的可行技巧。

——艾比・沃克（Abby Walker），Vivian Lou 執行長暨 *Strap on Pair* 作者

我看著露絲．蘇庫普面對自身恐懼並「恐懼行事」，這激勵我做同樣的事。人生苦短，無法重來。如果有人想快樂地克服恐懼，實現自己始終覺得不可能的事，這是一本完美的書。

——瑞秋．霍蘭（Rachel Holland），部落格 SurvivingTheStores.com
HowToHomeschoolForFree.com 作者，暨 TheOILnation.com 教師

《面對恐懼的勇氣》協助我接受拖延者的特質並將其轉變為優點，我已經在公事與私生活看到了進步。

——珍妮佛．杜斯特勒（Jennifer Dursteler），醫師助理暨
美國亞利桑那州嘉年市 Deja Vu Med Spa 老闆

我真希望十年前就讀過這本書，因為我會更快實現目標。這本書不是只待在書架上等人翻閱而已，你讀了之後會忍不住採取行動。

——蘿拉．史密斯（Laura Smith），I Heart Planners 創辦人

目次

Part 2 勇氣原則 141

Part 3

勇於實踐 229

前言
隱形的枷鎖

恐懼很有趣。

恐懼是人類的本能，旨在保護我們免於遭受可能造成傷害的所有危險，並在威脅逼近時，讓我們感到驚嚇並採取行動。恐懼旨在拯救我們，有意思的是，如果一個人在危險的情況下不害怕，這其實是精神疾病的跡象，我們**應該**感到害怕。

然而，同樣的恐懼可能也是隱形的枷鎖，束縛了我們，讓我們陷入困境。這種恐懼並未讓我們安全，反而讓人動彈不得，無法前進，無法冒險，無法跨出舒適圈，無法追求夢想，無法創造熱愛的生活。

這個旨在保護我們的本能，也讓我們退縮不前。

哦，確實如此！請相信我，我很清楚。

自有記憶以來，恐懼一直是我生命中非常真實與活躍的一環。我懼高，怕自己看起來很蠢，在一大群人裡會感到緊張，對閒聊感到恐懼。我總是擔心人們不喜歡我，或是認爲我很討厭、古怪，或不值得他們花時間對待。我討厭跨出舒適圈或變得脆弱。我害怕失敗或犯錯，害怕別人評論我。不久前，我光是想到必須對人群說話，就感到心慌意亂。

所有的恐懼都阻礙著我，就像它們阻礙許多人一樣。

溫蒂一直想開麵包店與咖啡店，但這似乎讓人卻步。事實上，一位慷慨投資者大方表示願意爲她提供一開始需要的資金與培訓，而她非常害怕自己會失敗，於是拒絕了。

凱拉是才華洋溢的舞者，花了多年鑽研芭蕾舞，但她強烈害怕遭到拒絕，這種恐懼讓她不敢報名專業舞團的甄選，儘管這是她一直以來的目標。多年後，她仍然覺得自己錯過了發揮全部潛力的機會。

翠娜不想再當受僱律師，多年來，她一直想離開父親的律師事務所並創業，但她害怕讓父親失望。這份沉重的責任與無法做自己想做的事，讓她感到沉重。

南西想去旅行，她夢想著開自己的車，遊遍美國五十州與加拿大，甚至到更遠的地方冒險。不過，六十歲的單身女性獨自做這件事，感覺太危險了，而且她內心深處不知道是否有這種勇氣。

麗芙是一位科學家，她的工作主要是寫期刊文章，但她常常害怕在文章寫到完美之前與別人分享。她總是擔心自己看起來很無能或者有人認爲她不夠格。她知道這種恐懼不理性，但它始終存在。

每天，同樣的故事以上百萬種不同的方式上演。

偉大的夢想、更大的恐懼，然後是難以避免的巨大遺憾。

然而，事情不必是這個樣子。

幾年前，我爲了自己做出一個決定，而這個決定改變了一切。

我決定不再讓恐懼阻礙我。

我意識到「害怕是很正常的」，每個人有時都會感到害怕，但我不可以任由恐懼阻止我做眞正想做的事，我意識到自己得想個辦法讓恐懼變成我的優勢。

因此，我決定從那時起「恐懼行事」（do it scared）。

「恐懼行事」成爲我的口頭禪，每當我感到緊張或恐懼，每當我跨出舒適圈，每當我冒險，或者沒有自信時，都會對自己重複這句話。老實說，我幾乎隨時都是這樣。

我成爲企業家時，口頭禪「恐懼行事」成爲公司基本核心價值的第一條，最後成爲「美好生活，精簡消費」（Living Well Spending Less®）與菁英部落格學院（Elite Blog Academy®）社群成員的口號。我深受啓發，於是開始製作播客「與露絲．蘇庫普一起恐懼行事」，幫助別人與自己面對恐懼，克服障礙，最重要的是創造我們熱愛的生活。

可能你還會覺得我變得有些沉迷。

這就是本書的緣起。

恐懼原型（The Fear Archetypes ™）

過去九年間，當我克服恐懼並與許多社群成員聊天後，開始意識到恐懼對我們的人生（尤其是女性的人生）造成很大的影響。

我聽到社群裡的許多人說，感覺自己像人生的旁觀者，不敢全力以赴，害怕犯錯，害怕讓別人失望，害怕被嘲笑，這聽了讓人悲傷。他們知道自己想做的事，但沒有去做，就只是因爲太害怕了。

不過，當我與愈來愈多的女性談論這個話題時，也開始意識到並非所有的恐懼都一樣。別誤會，我們都有害怕的事。我們都有恐懼，都在某些方面受到恐懼影響，但恐懼在我們的人生裡表現的方式截然不同：有人害怕失敗，有人害怕被拒絕，有人害怕被追究責任，有人一想到做錯事就動彈不得，無論那是什麼事情。

我決定要更深入探討。於是，我調查了社群裡的四千多人，了解恐懼在他們人生裡扮演的角色，然後僱用了一組研究員協助分析數量驚人的數據。我特別感興趣的是：進一步弄清楚恐懼如何阻礙我們追求夢想、達成目標、追逐機會。

這份調查詢問了關於目標與生活滿意度的問題，也問了關於恐懼經驗與逆境經歷的問題，例如恐懼何時阻礙受訪者追求目標或夢想，還問了受訪者何時爲了完成某件事而克服恐懼。其中幾個問題是開放式問題，人們分享了各種故事，包括非常鼓舞人心的故事與極度讓人心碎的故事。本書將以引用問卷回答的方式，或稍經修改的故事及原型角色，來呈現許多故事。

從幾個方面來說，調查結果富有洞察力，但其中一項發現比其他發現更引人注目。事實上，當它變得清晰時，我很驚訝。這項發現也讓許多令人困惑與未獲答覆的問題都說得通了。那個茅塞頓開的時刻，就是調查結果發現了七種恐懼模式，亦即恐懼在我們人生中表現出來的七種方式，尤其是它如何影響我們跨出舒適圈去追求夢想或機遇的意願。因爲我喜歡爲事物命名（我的團隊很樂意證明我著迷此事），所以將這七個模式稱爲「恐懼原型」，這些原型包括：拖延者、循規蹈矩者、討好者、被排擠者、自我懷疑者、愛找藉口者、悲觀主義者。

那是**真正**迷人之處，雖然每個人都擁有七種原型的其中一些特質，但大多數人至少有一個主要的恐懼原型，這種原型對我們的影響比其他原型更強烈，並以更明顯的方式出現在我們的人生。就像恐懼本身一樣，七種原型都各自具有負面特質與正面特質，這些特質可能阻礙或幫助我們。

每個人經歷恐懼的方式不同，因此克服恐懼的方法也會不同。如果要知道擺脫恐懼的確切方法，那麼了解恐懼形成的具體方式（恐懼原型）至關重要。

「恐懼行事」恐懼評量（The Do It Scared Fear Assessment ™）

了解恐懼讓你退縮不前的特定具體方式，是克服恐懼的關鍵第一步。雖然如此，要確定自己的那些具體特質並不容易。爲了在這個過程中協助你，我與團隊建立了一份線上恐懼評量，這份評量可協助你確定自己具體的恐懼原型。你可以進入doitscared.com/assessment（或掃描底下的QRCODE），做這份評量約需十五分鐘，將讓你立即了解自己最主要的恐懼原型。

儘管這份恐懼評量有利於確定讓你陷入困境的具體恐懼類型，但請牢記一些要點。

沒有「好」與「壞」的恐懼原型。因爲恐懼原型代表了恐懼在我們人生中的表現方式，七個原型的名稱確實都有負面意義，但每種原型都具有正面特質與負面特質。

你的恐懼原型可能根據目前的生活環境與人生的特定階段而改變，但它也深深受到更深層的因素影響，例如童年經歷或創傷。

你的特定恐懼原型項目分數愈高，愈可能是那種原型正在影響你的生活。倘若你的七個原型項目分數都是低到中等，對你來說，恐懼可能不是問題。同樣地，你可能在多個恐懼原型項目上的分數都很高。

運用本書的方法

本書旨在成爲實用工具與指南，協助你面對恐懼，克服逆境，最重要的是創造你喜愛的生活。本書鼓舞人心，提供實際運用，而且愛之深、責之切，將挑戰你重新思考一些可能讓自己陷於困境的狹隘信念，激勵你做出必要的改變，向前邁進。

我們的旅程從第一部分開始：了解恐懼在人生中的七種獨特表現方式，確定並進一步了解自己獨特的恐懼原型，與恐懼讓我們退縮不前的方式，了解自己的恐懼在周遭人面前如何表現。你將在第一部分確定自己得關注的特定領域，便能更快獲得進展。這個部分很有趣，因爲你可能在一些原型角色身上認出自己與熟人的特質。請記住，無論你有何種恐懼原型，爲了向前邁進，至少得採取一些行動步驟，這個部分將講述那些步驟。

我們將在第二部分探討「勇氣原則」，亦即七個核心信念，一旦你採納這些信念，就能從根本改變心態，讓你有勇氣做出以前不可能做到的改變。

最後，我們將在第三部分「勇於實踐」提供一些實用工具，你可以利用這些工具，以具體方式將這些改變付諸實踐。

本書希望成爲容易閱讀的有趣讀物，但你一定想慢慢領略，甚至多次閱讀其中的一些章節。請一定要準備螢光筆、筆、筆記本，因爲我敢說你一定想做筆記。爲了更深入分析「克服恐懼」在你的人生扮演的角色，請務必利用doitscared.com的其他資源與工作表，將能協助你把在本書學到的所有知識以實際方式應用於生活。同樣地，收聽播客「與露絲．蘇庫普一起恐懼行事」（Do it Scared with Ruth Soukup）是增強你對本書中心思想的理解，並獲得每週啓發與鼓勵的好方法。

這是面對你的恐懼，克服逆境，創造喜愛的生活。

這是**恐懼行事**。

Part 1
恐懼原型
the fear archetypes

恐懼，讓我們退縮不前或阻礙我們追求目標與夢想。然而，並非所有恐懼都一樣，呈現方式也未必相同。七個恐懼原型代表了恐懼在日常生活中可能出現的獨特方式。

好消息是，這些對生活造成負面影響，一旦確定了讓人退縮或被困住的恐懼類型，我們就可以採取一些行動。

當然，如果要面對將自己困住的最大恐懼，首先要進行「Do It Scared恐懼量表」，這能讓你立即洞悉自己的心理。因此，請做好準備，前往doitscared.com/assessment網站，找出自己的恐懼原型。

Chapter 1

拖延者

當你最怕犯錯的時候

與其說完美主義是渴望卓越，不如說是透過拖延症的形式，表達內心害怕失敗。

——《48天找到你愛的工作》，丹·米勒

愛麗絲一向喜歡事情井然有序。

她很講究衣著、髮型、居家裝飾，認爲這些事達到**正確**非常重要，即使她並非總能解釋「正確」是什麼意思。事實上，她有時會花好幾個小時調整最細微的地方，例如換掉上衣、鞋子、飾品，或是改變房間裡花瓶或相框的擺放位置，就只是爲了把事情做到正確。

愛麗絲偏好將事情做到正確，這是她經常面對的課題。事實上，她一想到犯錯就非常害怕，甚至怕到根本不敢動手。爲了彌補這種恐懼，她往往提前執行計畫，讓自己有多一點時間，因爲她知道自己可能直到最後一刻還在調整，想要確保一切都呈現應有的樣子。

她在學生時代常常試著提前完成功課，有時甚至在老師分發作業之前就動手了。即使如此，她一向拖到最後一刻才交作業，有時甚至通宵沒睡，只爲了重複檢查所有內容並調整到完美。不過，如果她眞的很害怕某項功課，就會幾乎無限期地拖延。

目前，愛麗絲在一家快速成長的新創咖啡公司擔任平面設計師，她喜歡這份工作（以及咖啡），卻也覺得這份工作充滿壓力。因爲公司發展得非常迅速，事情不斷變化，她被交派的每項計畫都趕著要，讓愛麗絲沒有時間提前完成，老闆不知道她經常熬夜加班，不斷調整設計以準時完成工作。愛麗絲睡眠不足，事情又不斷變化，加上她爲了確保一切總是完美而給自己巨大的壓力，這些開始讓她筋疲力盡。

「改變」讓愛麗絲非常不安，她偏好遵守常規，堅持做極度熟悉的事。丈夫與朋友有時會打趣說她是死腦筋，但愛麗絲更喜歡認爲自己是始終如一的人。她需要凡事一致不變，然而，這種需求有時會阻礙她。接受離開舒適圈太遠的事物會讓她焦慮，即使她的內心有點想掙脫束縛。最近，教會問她要不要參加前往肯亞的傳教團之旅，她太害怕，不敢答應，她說：「感覺那裡很遙遠，而且有很多未知的事物！」

由於愛麗絲的工作充滿壓力，她滿腦子想著獨立開業，成爲接案的平面設計師。能在家工作並設定自己的工作時間很吸引人，但她也很害怕創業時犯錯或失誤。事實上，她非常害怕失敗，就是無法踏出那一步，有時感覺動彈不得。愛麗絲對自己與身邊的每個人都有很高的期望，她與丈夫吵架時，對方指責她是完美主義者。愛麗絲不明白，追求完美爲什麼是壞事？希望事情完美有什麼錯呢？她認爲完全不動手總比做錯來得好。

愛麗絲是拖延者。

拖延者原型（The Procrstinator TM）

拖延者也稱爲完美主義者，這種人苦苦掙扎於害怕犯錯的心情，常見的表現是害怕做出承諾或踏出第一步。因爲拖延者害怕踏錯一步，所以會尋找（而且往往找得到）許多正當的理由，而不開始或根本不嘗試。

諷刺的是，拖延者表面上經常表現出與拖延相反的行爲，例如早早事先規畫事情或試著提前動工。重要的是，我們要了解拖延者做事拖延，未必是將所有事情拖到最後一刻。相反地，拖延者希望避免犯任何錯誤，因此會讓自己盡量有多一點時間完成工作。

拖延者害怕採取行動，常常發現自己因優柔寡斷而動彈不得，特別是果斷的行動必須行事迅速。拖延者寧願花費過多的時間研究、計畫、籌備。儘管準備充分可能有利，但如果研究、計畫、籌備取代了執行，也有可能妨礙進展。

拖延者的本質是害怕搞砸或犯下大錯，尤其是無法逆轉的錯誤，而這種強烈的恐懼可能讓他們無法朝著目標與夢想前進。他們往往需要外在影響或截止期限，來強迫自己採取行動，如果自己做主，有時候就會無限期地拖延。

根據我們的調查，「拖延者」是最常見的恐懼原型，有四十一％的人恐懼原型中的第一名是它；而七十四％的人恐懼原型的前三名也有它。

正向特質

拖延者對完美的渴望，激得他們極度想要有優異的表現。重視卓越並堅持高水準，結果通常是優良的工作品質。拖延者擅長那些極度需要注重細節或努力做好事前準備的工作，此外，拖延者面面俱到的研究與準備，最終可以減少錯誤，獲得更好的結果。

拖延者更喜歡秩序與組織，擅長於創造制度。他們通常專注勤勉，奮發向上，非常敬業，重視任務與結果。拖延者會受到那些需要極度注重細節的職業吸引，例如科學研究、工程學、寫作與編輯、室內設計、平面設計、教學、經營管理，而且很擅長這些工作。

簡介：拖延者

- 完美主義者，喜歡將事情做到「正確」。
- 害怕犯錯，難以跨出第一步。
- 花太多時間研究與計畫。
+ 達到出色的工作成果。
+ 條理清楚。
+ 非常注重細節。

習慣與行爲

- 喜歡提前計畫，讓自己盡可能有多一些時間。
- 往往提前數個月，甚至好幾年規畫假期與重大計畫。
- 注重細節。
- 延後或避開那些自認無法勝任的事。
- 自然而然地受到秩序與組織吸引。
- 經常反覆檢查，務使一切完美。
- 永遠不覺得事情已經「準備就緒」。
- 熱愛研究，對於一個主題，總是覺得有更多知識要學習。
- 可能對自己極度嚴苛。
- 因爲錯誤而沮喪或極度難過。
- 重視計畫表，並敏銳地意識到截止期限。

拖延者的心聲

這份調查中讓人震撼的部分，是人們描述個人恐懼所做出的評論。每個原型都有自己的意見，以及表達恐懼情境與感受的獨特方式，以下所有陳述均來自那些在「拖延者」項目獲得高分的受訪者。

- 「我因為無法達到完美而感到難堪，導致我根本沒辦法開始做。」
- 「我一直擔心沒獲得前進所需要的所有正確資訊。」
- 「我討厭處於未知情況下的不安感。我對改變感到緊張，而且從事新事物時，總是害怕失敗。」
- 「我只是害怕失敗。不知道如何面對『崇高目標』的失敗，這是讓我從一開始就退縮的原因。如果失敗了，我不想讓丈夫與兒子失望，也不希望別人因為我的失敗而看著我，不明白我在目前的工作狀況下每天完成了什麼事。」
- 「我害怕失敗，有時甚至會害怕達成目標。基本上，我認為自己害怕改變，所以退縮不前，因為目前所知道的事『很安全』。」
- 「我害怕失敗，也很害怕跨出舒適圈，以免真的失敗了。我覺得處於新的情況讓人非常不安。」

這種恐懼原型如何讓你退縮不前？

儘管拖延者注重細節，也近乎狂熱地努力達到卓越成果，讓人欽佩不已，但他們害怕犯錯或採取不可逆轉的行動，這種壓倒一切的恐懼可能會阻礙他們對冒險、嘗試新事物或致力於驚人的崇高目標之意願。

下列拖延者的幾種心態可能對你產生不利影響，並讓你退縮不前：

- 你太掛心於提前規畫，結果忽略了順勢利用眼前的機會。
- 你太常說「不」。
- 你一想到犯錯就感到動彈不得，這種強烈的情緒甚至妨礙你邁出第一步。
- 你永遠不會覺得自己已經準備好，因此不想動手。
- 你耗費大量時間研究、規畫、籌畫，卻從未眞正開始。
- 你難以遵守截止期限。

- 你努力達到自己的高期望，並且鮮少對工作成果感到完全滿意。
- 你很難完成重要計畫，因爲總覺得可以再做調整與改善。
- 你掙扎著要不要放過自己或嘗試新事物與犯錯。
- 當你沒有足夠的時間研究與計畫，會感到焦慮與恐懼。

克服這種恐懼的策略

如果你是拖延者，可以使用下列的策略來克服對於犯錯的恐懼。

重新建構

當你開始將生活視爲一連串的**教訓**而不是錯誤，將讓你有更多自由去嘗試，而非總是力求完美。拖延者害怕犯錯或失誤，這種恐懼讓他們動彈不得，結果可能阻礙他們採取任何行動。當然，如果你不採取行動，就永遠無法實現任何崇高的目標與夢想，這就是學習重新建構如何看待錯誤、不完美等等非常重要的原因。

採取行動

你可以立即做出簡單但極度有效的改變，那就是開始在時程表加入更嚴格的截止期限。如果你不遵守這些截止期限就要面臨後果，可能是自我懲罰或者向外搬救兵，像是要求你的配偶、可信賴的朋友，甚至老闆訂定截止日期並決定懲罰。請記住，你將截止期限訂得愈「實際」，就愈可能信守。

拖延者的天性會在截止期限前盡量多留一些時間，也就是太早擬定計畫，或者等到最後一刻。無論是哪種情況，都代表你需要截止期限！

請特意練習不完美的行動，每天做一件事，就只是為了做而做，而不是因為得將事情做到「正確」。舉例來說，你可以練習提交工作草案，而不是最後成果，只是要了解那種感覺。最終，「行動」才是恐懼的唯一解藥，你愈常練習採取行動（即使是朝著正確方向邁出一小步），那麼邁出更大的步伐與採取更重大的行動，就會變得愈容易。

建立當責制

當責的夥伴是支持、鼓勵和挑戰你去信守承諾的人。（第十一章及第十八章中，我們將進一步介紹如何與當責的夥伴合作。）拖延者的關鍵是找到一位當責的夥伴，而且對方不是拖延者，唯有那些所具有的優勢及恐懼原型與你不同的人，才能提供你需要的另類觀點。請找一位在事情不是很完美的情況下，仍會鼓勵你要採取行動並持續前進的人，而且這個人會在你拖延或不敢承諾時批評你。

拋開完美

愛麗絲知道自己可能永遠都喜歡事情「條理分明」，但她也開始積極採取行動，克服對失敗與犯錯的恐懼，這些恐懼一直困住她。首先，她在桌上貼一句標語，上面寫著：「沒有錯誤，只有教訓。」她不確定自己是否眞的相信這句話，但她喜歡將這個標語擺在醒目的地方，而過去幾個星期，她發現自己交出新計畫之前一向感到的焦慮與恐慌情況，確實大為減輕。

除了為每個大型計畫設定明確的截止期限外，愛麗絲還開始為完成某些工作設定時程，這有助於她停止永無止盡的調整，而且她意識到工作成果可能更出色。老闆似乎未注意到品質出現任何變化，但愛麗絲面對所有變化時感受到的壓力小多了。

愛麗絲開始樂在工作，最近發現的犯錯自由，促使她更認眞思考當個接案的平面設計師。為了鼓勵與支持自己，愛麗絲加入獨立平面設計師的臉書社團。她已經建立了很棒的人脈，並獲得自由工作者生涯許多相關問題的答案。當一些設計師鼓勵她詢問老闆，如果自己當接案的平面設計師，對方是否考慮僱用她。她眞的問了，而且萬萬沒想到，老闆竟然答應了！

愛麗絲之前從未意識到自己對完美的需求影響了生活，但現在她已明白自己對犯錯的恐懼，讓她在許多方面退縮不前。更重要的是，她很驚訝自己積極克服這種恐懼時，竟然感到快樂且滿足，儘管這有時意味著犯錯。

do it scared

你需要更多訣竅來解決拖延與完美主義嗎？請閱讀第八章、第十二章、第十七章、第二十一章。

Chapter 2

循規蹈矩者

當你最怕打破規則的時候

先像專家一樣學會規則，然後才能像藝術家一樣打破它們。

——畢卡索（pablo Picasso）

翠西一向誠實正直。

她從小就負責可靠，從未踰越分寸或質疑老師。她很努力，循規蹈矩，做事一板一眼，而且在年幼時就知道自己想當執法人員。

翠西從軍四年後，在距離成長之地只有二十英里的城市擔任警察。大多數情況下，她喜愛自己的工作。法律清楚明確，她真心喜歡明確知道別人對她的期望。她投入時間，遵守規則，接著升遷，正如她該做的那樣。

翠西在閒暇時擔任社區的志工，並積極參與教會事務。她與丈夫在城外買了數英畝土地，三個孩子出生後，他們開始自己種菜，這是家庭活動。翠西很快就迷上種菜，她喜歡看到自己付出愈多心力，愈謹慎地施加適量的水與肥料，就能獲得愈好的成果。

她喜歡做罐頭食物與醃漬食品，不久後就將自製莎莎醬與辣醃菜送給親友與家人，他們非常喜歡。

對翠西來說，生活穩定且可以預測，就像她喜歡的那樣。

然後，她受了傷。

不幸的是，翠西並非因公受傷，如果在工作時受傷，她一定能提早退休，領取殘障福利。相反地，她受傷的事確實愚蠢：她協助朋友搬家時，在階梯上滑倒，膝蓋的韌帶與一些軟骨被撕裂了。

她被調離外勤工作，並分配到臨時的文書工作。不過，當她的膝蓋遲遲好不了，這個人事分配便確定了下來，而這樣的工作調動意味著降職與大幅減薪。

對翠西來說，生活突然變得不像以前一樣穩定或可以預測。

她還要三年才能開始領退休金，知道自己必須找個方法增加收入，因此，她開始在當地的農夫市集販賣自製的佐料與莎莎醬。翠西擅長研究有趣的風味組合，並加入自己的產品中。她的產品很美味，非常受歡迎，她開始累積當地的忠實顧客。

現在，一些忠實顧客鼓勵她擴展這個剛起步的事業，包括創立品牌或在網路上販售。然而，儘管翠西渴望賺更多錢，卻猶豫是否要繼續前進。她知道販售食品有許多法規，不知道自己該如何符合所有規定。在農夫市集販售是一回事，相關法律很寬鬆，但實際創立一家真正的公司並在網路上銷售，甚至將產品運到其他州，這似乎完全超出她的能力。她可以在哪裡找到所有法規的清單？如果漏了某條法規怎麼辦？她一想到違反重要法規或遇到麻煩就覺得害怕，並因此不敢行動。

這件事真的不可行，現在她覺得自己陷入困境。

翠西是循規蹈矩者。

循規蹈矩者原型（The Rule Follower ™）

那些堅持按照「應有」方式做事的人，那些典型的循規蹈矩者，通常苦苦掙扎於對權威的強烈恐懼，其表現是非理性地厭惡違反規則或做任何可能被視爲「禁忌」的事。光是可能遇到麻煩（即使只是想像的潛在「懲罰」）就足以讓循規蹈矩者不敢採取行動或不願向前邁進。

循規蹈矩者以非黑即白的角度看待世界，每當他們感覺自己或其他人超出可接受的行爲規範，往往會感到焦慮。他們一心想要確定其他人做出正確決定，有時可能被視爲愛管閒事。

本質上，循規蹈矩者認爲，如果不照章行事，就會引起混亂。他們的心態是：生活中的許多事情就是原本的樣子，不該受到質疑或改變。如果證據證明循規蹈矩者做出的決定正確，他們會感到精力充沛。

循規蹈矩者往往會放棄自己最好的判斷而傾向於遵守規矩，因爲他們對於不守規矩的非理性恐懼壓倒了一切。這種恐懼也可能阻礙循規蹈矩者採取行動往目標或夢想邁進，他們害怕相信直覺或採取不明確的行動。

循規蹈矩者遵守規矩，可能也有點死板，他們想知道有「正確」的做事方式，對於遵循既定準則感到安心。他們只要想到跳脫框架思考或開創自己的道路就感到不安，有時會批判那些不守規矩的人。

循規蹈矩者是第二常見的恐懼原型，有十四%的人的恐懼原型第一名是它；而六十四%的人的恐懼原型前三名裡也有它。

正向特質

循規蹈矩者是負責、可信、極度忠誠的朋友與員工，這種人非常勤奮、嚴謹、穩定，而且周到體貼，人們可以期望他們會照顧人。

循規蹈矩者能明辨對錯，具有出色的洞察力與強烈的道德準則。一般來說，我們可以從他們對志工工作或公共服務的付出，看到他們對別人與社會的責任感及義務感。

循規蹈矩者對細節一絲不苟，特別擅長堅持到底，總是非常注重細節。他們花時間閱讀附屬細則，並確定自己盡職盡責。他們希望知道有正確與錯誤的做事方法，會受到具有極度明確的準則與直接遵循方法的職業吸引，例如執法、工程、數學、電腦程式、公共服務、法律、醫學等相關工作。

簡介：循規蹈矩者

- ⊖ 極度害怕權威。
- ⊖ 對於違反規則或不按照「應有」的方式行事，感到緊張。
- ⊖ 可能遵循規則或現狀，放棄自己的判斷。
- ⊕ 非常值得信賴並負責。

- 忠誠、周到、體貼。
- 具有強烈的責任感，是非分明。

習慣與行爲

- 偏好以「正確」方式及「正確」順序完成事情。
- 希望有制定的計畫或協議能遵循。
- 照顧別人，確保他們做出正確決定。
- 以非黑即白的角度看待世界。
- 拒絕不守規矩，擔心會碰到麻煩。
- 屬於慣性動物，喜歡秩序與常規。
- 努力維持穩定與可預測的生活。

- 喜歡自己是正確的。
- 避免混亂與不確定的事物。

循規蹈矩者的心聲

以下的想法與信念均來自於「恐懼」研究中，在「循規蹈矩者」項目獲得高分的受訪者。

- 「我最擔心的是未知領域，那裡可能沒有制度爲我指明方向。」
- 「我喜歡有人確切地告訴我該怎麼做，或是給我可遵循的計畫，只要我知道那個計畫行得通，就會好好地執行！」
- 「當別人不守規則或做事方式不正確時，我會感到沮喪。」
- 「我一向得確定需要知道的一切，並遵守工作上的任何法規。」
- 「成年後，我都在請求同意，一直擔心自己想做的事可能不被允許。」
- 「我很難確切地知道該怎麼做，如何以正確的方式做到。」

●「我眞的不想搞錯任何事情。」
●「我最害怕自己是否做出『正確』的決定。我經常想，如果做了這個選擇，會不會因爲沒考慮其他選項而錯過了什麼？」

這種恐懼原型如何讓你退縮不前？

循規蹈矩者確實有許多讓人欽佩的正向特質，但是每當要嘗試新事物、設定並實現遠大目標時，他們對於打破規則、試行錯誤、可能惹上麻煩的非理性恐懼，會是巨大的障礙。事實上，循規蹈矩者常常在還未嘗試前就排除某個選項，只因爲覺得這個方式不正確。

下列是循規蹈矩者的幾種心態，可能對你產生不利影響，讓你退縮不前：

● 雖然你有時想嘗試新事物，但總是避免冒險，例如轉行、創業、搬到新城市、回學校進修。
● 你容易受到同儕壓力的影響或附和流行趨勢，只因爲它是現狀，但未必適合你。

- 你可能很難放過自己或欣然接受嘗鮮與犯錯的自由。
- 你很難與不守規矩的人或在生活層面判斷力差的人，保持良好關係。你會以非黑即白的角度看待事物，這讓你變得頑固且不近人情。
- 對權威的不正常恐懼，導致你默默接受當權者的要求，而不是表明立場或自行判斷。
- 如果你沒有特定的行動路線或計畫，會感到焦慮與恐懼。
- 你會以自己對性別、種族、宗教、社會地位、教育水準的既定信念，決定自己認爲做得到的事。

克服這種恐懼的策略

如果你是循規蹈矩者，下列的策略可以協助你克服恐懼，做那些不被允許的事。

建立個人原則未必容易，尤其當你覺得遵循別人的規則最自在的時候。即使如此，花時間建立與採用個人原則（你想在生活中遵循的基本核心價值）有助於減輕因爲遵循別人的規範而持續產生的壓力。你的原則不需要詳盡，甚至不必完全原創，但應該讓你覺得有道理，並符合你的核心信念。這些原則將爲你提供一套可遵循的指導方針，而且它們應該壓過別人與外界告訴你的「規則」。

請主動與被動地利用這套原則。首先，請主動寫出你的原則草稿，提醒自己記住偏愛的生活方式。其次，選擇你覺得艱難的一種特殊情況，確認你認爲必須遵守的明文規定或潛規則。第三，重訂規則以確認你要遵循的原則。舉例來說，許多機構的不成文（而且難以達成！）規則是：「全力以赴，否則你不會成功，而且會感到內疚。」請重訂這個規則爲：「我會付出這麼多，這是極限，而且我不允許任何人讓我爲此感到內疚。我可以按照自己的方式獲得成功。」

採取行動

請列出你害怕違反的規則並一一解決。循規蹈矩者可能強烈地想要遵守事情應有的方式，當你花時間列出那些規則，就會意識到它們其實不是「規則」，或者你可以輕易探究並遵守。並非所有的規則都不好，但你對於違反規則的恐懼，不應該成爲退縮的原因。請在腦中重寫敘述，你會發現自己很怕違反的那些規則，其實不如想像中那麼重要。

這麼做的時候，請順便練習「打破規則」，並以自己覺得不太冒險的方式跨出舒適圈，像是有人粗魯無禮時，你就大膽地說出來；以充滿創意的方式重新擺設家具；甚至如果你以前從未跳過說明不看，那就嘗試忽略，這是爲了挑戰極限。

請從小事開始，你可能會驚訝地發現，要針對大事時竟然變得容易多了！循規蹈矩者的舒適圈往往非常明確，如果你希望能更自在地執行難度高的事情、冒險、敢在面對恐懼時採取行動，那麼就從小事開始。

建立當責制

循規蹈矩者得找到一位當責的夥件，而且對方不是循規蹈矩者。相反地，請找一位具有與你不同優勢、觀點和恐懼原型的人，對方能針對你覺得必須遵守的規則提供另類觀點。請試著找一位鼓勵你運用個人判斷力與批判思考能力的人，對方不會預設事情「應有」的樣子，而且當你以非黑即白的角度看待事情時，這個人會要求你負責任。

拋開打破規則的恐懼

在某個週六早晨的農夫市集，翠西的忠實顧客珍再度表示，希望翠西能發展事業的新階段，並開始在網路上銷售。

「翠西，妳的產品非常棒！這個世界需要妳的莎莎醬！」

翠西一如既往地露出微笑，嘆了口氣，憂愁地說：「我真的不知道如何符合那些法規。我很怕做錯，這讓我不知道怎麼開始。」

不過，這次珍的回答讓她驚訝：「妳何不去上課或尋求相關法規協助？我敢說這一定有某種研討會或培訓，妳應該查一下！」

翠西嚇了一跳。爲什麼自己從來沒想過這件事？

她從市集回家後，立刻開始著手研究，發現下個月有個電子商務研討會，只要三個小時的車程就能抵達。她馬上報名，並祈禱自己做了正確的事。

結果證明，這是翠西做過最棒的決定。

她報名參加研討會的食品銷售業者主題，以及如何應付食品安全法規的課程。不只所有重要問題都得到了解答，她還獲得下一步行動的明確計畫。此外，她也與已在網路銷售一段時間的其他零售商建立良好關係，認識了讓她長期感到恐懼的許多電子商務層面，像是如何建立網站、銷售與行銷。

她在研討會註冊了一個網路輔導小組，該小組會在過程中提供支持與指導。

翠西獲得一套可遵循的「指示」後，便鼓起勇氣，懷抱夢想前進。她一絲不苟地遵照量身打造的計畫，執行每一個步驟，並在數個月內建立網站，開始網路銷售。

這是翠西有記憶以來首度對未知事物感到興奮，而不是害怕。直接面對恐懼讓她獲得更大的信心，她迫不及待地想看到未來帶來的一切。

do it scared

你需要更多訣竅來克服對於權威的恐懼，以及勇於打破規則嗎？請一定要閱讀第九章、第十二章、第十九章。

Chapter 3
討好者
當你最怕別人怎麼想的時候

如果你知道別人很少想到你，或許就不擔心別人對你的看法了。

——奧林・米勒（Olin Miller）

大家都喜愛曼蒂。

她就是……很棒，體貼、善良、慷慨、總是樂意付出。事實上，她很少拒絕別人，因爲她不喜歡讓任何人失望。

不幸的是，這個特質有時讓她容易被占便宜。無論是在公司、教堂，甚至是家長教師聯誼會，每個人都知道自己需要協助的時候，曼蒂是最佳人選，因爲她的付出總是超越職責範圍。有時，朋友很好奇曼蒂如何找時間睡覺。

曼蒂在大型建築公司擔任行政主管，老闆很喜歡她。他怎麼會不喜歡她呢？她是模範員工，早到晚退，永遠確保自己將工作做到最好，甚至會協助那些未達標的同事。

曼蒂討厭衝突與緊張的氣氛，花了許多時間努力調解事情，確保沒有人感到沮喪或生氣。老闆有時會戲弄她，稱呼她是波麗安娜（Pollyanna，譯注：美國兒童小說的主角，對任何事都抱著樂觀積極的態度。），因爲她一向試著看事情的光明面。

曼蒂從小就是這樣。她在近乎完美的幸福家庭中成長：爸爸、媽媽、兩個孩子（一男一女），住在郊區附有車庫的舒適平房。不過，曼蒂的哥哥在中學時期開始變得叛逆，到了高中總是惹麻煩。家中經常發生嚴重爭吵，曼蒂大部分時間都在努力當個完美女兒，並避免家中的氣氛太過緊繃。

曼蒂非常在乎自己的外表與穿著，因爲她一直很在意別人的想法。她喜歡跟上時尙潮流，但不喜歡太前衛。她也以裝潢住家及打理家事而深感自豪，絕不希望任何人認爲她不是一個好主婦！

曼蒂一直忙於社交生活，交友廣闊。跟她相處很愉快，她的微笑眞的能照亮整個房間。大多時候，曼蒂與丈夫相處極爲融洽，主要是因爲曼蒂討厭爭吵，通常就順從丈夫的需求，不會爲了自己的願望而爭取。

曼蒂不時夢想著創業，想在市區開一家小咖啡館，但不知道自己怎麼找得出時間。此外，她一想到別人會怎麼批評就覺得受不了，尤其是創業失敗的話，她會遭到羞辱。

曼蒂有時覺得生活讓人筋疲力盡，她花了許多時間努力讓別人高興，結果沒有太多時間專注於自己的希望與夢想。老實說，她甚至不確定自己想要什麼。

曼蒂是討好者。

討好者原型（The People Pleaser TM）

討好者原型總是想尋求別人的贊同，他們最怕被別人批評，這種恐懼的表現就是害怕讓別人失望，在意別人可能說的話。本質上，「討好者」最擔心的事可以概括爲害怕別人出現的反應。

因爲討好者很怕受評判，或者更糟糕的是，他們怕遭到譏諷或嘲笑，而且討好者總是很敏銳地意識到別人可能出現的反應或言語，並爲此感到害怕，有時會猶豫是否要前進。他們發現自己優柔寡斷，覺得自己無法採取行動，最重要的是，他們不喜歡出糗。

儘管討好者可能不認爲自己外向，但他們往往備受歡迎與喜愛。因爲他們非常能夠察覺別人對他們的看法，所以說話很謹慎，有時如果他們對某件事的眞實感受違背了普遍共識，他們甚至會自我隱瞞。

儘管如此，討好者可能熱愛交際，爲人風趣，忙於派對生活，這是贏得別人認可與喜愛的一種方式。他們還會投入大量心力打理外表，並關注身分符號，例如好車、設備齊全的住宅、出自知名設計師之手的物品。

討好者有時會養成一種習慣，總是贊同別人，甚至為了與別人意見一致而改變個人觀點。他們喜歡與人和睦相處，不願意做任何可能讓人憤怒、失望或傷感情的事。

討好者可能對別人的想法過於感興趣，因此容易受到同儕壓力的影響，他們很渴望融入人群並成為其中的一分子。

雖然討好者未必給人溫順的印象，但他們很難拒絕別人，很難設定限制，也很難設下合理的界限，因為他們害怕讓別人失望，而別人往往將他們視為「給予者」，或是樂於助人、心地善良、大方付出時間與精力的人。

儘管這些特徵可能是好事，但也導致討好者變得過分投入，或者允許別人的優先事項與要求，凌駕於自己的目標及夢想之上。這會讓討好者產生深深的憤慨或怨恨，而且這些感受有時會以意想不到的方式浮現。

討好者是第三常見的恐懼原型，有二十一%的人的恐懼原型第一名是它；而六十三%的人的恐懼原型前三名也有它。

正向特質

討好者通常是極度善良、體貼和慷慨的人，充滿愛心且體貼，竭盡所能提供協助。他們深受歡迎與喜愛，個性風趣友善，深具魅力。

這讓「討好者」成爲很棒的朋友。他們是很優秀的夥伴及出色的員工，可靠又專業，談吐得體。討好者幾乎適合所有職業，但特別擅長支援的角色，或是與別人共事的工作，常見的職業包括行政、護理、教學、社工、客服、零售等。

簡介：討好者

- ⊖ 從別人的贊同中獲得自我價值。
- ⊖ 很難拒絕別人，很難設定界限。
- ⊖ 猶豫是否要採取行動，並擔心別人的想法。
- ⊕ 通常深受歡迎，相處起來很愉快。

- 考慮周到、體貼、慷慨。
- 是負責的員工與優秀的團隊成員。

習慣與行為

- 過度擔心自己看起來愚蠢。
- 不想讓別人失望。
- 花許多時間擔心別人的想法或批評。
- 人緣好，備受歡迎與喜愛。
- 可能過度關注外表與身分符號，喜歡好好打扮讓人留下好印象。
- 不喜歡違背眾人的意見或共識，隱瞞或改變個人觀點以融入大家。
- 害怕失去友誼或受評判，避免任何可能危害友誼的事。
- 太常答應別人，最後可能過度投入。

● 很在意別人的想法。
● 往往被視爲有趣、溫暖、慷慨、善良的人。
● 很渴望融入衆人並成爲其中一員。

討好者的心聲

以下的想法與信念均來自於「恐懼」研究中，在「討好者」項目獲得高分的受訪者。

● 「我害怕失敗，怕受到揶揄，怕被嘲笑。我擔心失去朋友。」
● 「我知道不該這樣，但是我總是擔心別人怎麼看我及我做的事，擔心他們不會贊同。」
● 「我怕自己看起來很蠢，怕別人覺得我浪費，擔心我愛的人失望或生氣。」
● 「我害怕自己不知所措，然後讓別人失望。我喜歡學習新事物，但當有人指望這件事，我就會感到緊張。因爲缺乏時間、耐力或意志力，我之前曾經讓別人失望，因此我開始留心自己的極限，這也是我經常沒達到目標或拒絕機會的原因。」

- 「我總是對別人會說的話及他們的回應感到緊張。」
- 「我預約了數個工作坊，討論健康，將焦點放在愛自己與克服情緒性進食。後來，我取消了會談，全都取消了。我害怕別人的眼光，害怕別人評判我不夠格，任由恐懼阻止了我。」
- 「我害怕在別人面前失敗或看起來像騙子。我擔心自己在同儕中很顯眼，也擔心自己比那些成爲『專家』的同儕更糟。」
- 「我擔心犯錯並讓人失望，我不想讓自己尷尬。」

這種恐懼原型如何讓你退縮不前？

討好者面臨的危險是：讓別人的想法、意見或需求，阻止他們追求個人夢想、熱情和目標。

下列討好者的幾種心態可能對你產生不利影響，並讓你退縮不前：

- 你會避免採取行動或追求目標，因為害怕別人的想法或言語。
- 你容易受到同儕的壓力影響，或者傾向於附和普遍的想法或觀點，只是因為這是大家都在做的事，而你想融入群體。
- 你很難拒絕別人的要求，這會讓你過度投入且沒時間追求個人目標與夢想。
- 讓人們利用你的善良與慷慨，或任由別人欺負你。
- 你害怕讓別人失望，這種不理性的恐懼會導致你屈服於別人的要求，而不是表明立場或運用自己的判斷力。
- 當你覺得自己正受到評判或可能受到評判，就會感到焦慮與害怕。
- 比起追求目標與夢想，你更在乎受人喜愛與獲得贊同。

克服這種恐懼的策略

如果你是討好者，可以使用下列一些策略來克服對於受到評判或讓人失望的恐懼。

重新建構

你害怕受評判或讓別人失望的其中一個重要原因，來自於你腦中的劇本，它表示，如果你不照著別人希望的方式去做，別人可能不喜歡你或不接納你。如果你想擺脫這種恐懼，就得開始改變腦中的那個聲音。請建立新的自我肯定，如果你能每天重複對自己說，這個自我肯定將能改變你腦中正在播放的訊息。

如果你的內心深處相信，別人可能因爲你拒絕就評判你或不喜歡你，那麼新的自我肯定可以是這樣：「擁有自己的看法，其他人不贊同也沒關係，意見分歧不代表他們不喜歡我。」同樣地，如果你擔心別人會對你失望，請試著告訴自己：「我設定界限時，重要的人不會爲此失望。」有時，你只需要稍微改變已經上演的劇本。

採取行動

對於討好者而言，最重要的就是練習說**不**！如果你拒絕說**不**，很快就無法全心爲別人付出或竭盡全力做事。更糟糕的是，你將開始討厭自己承擔的任務，也會憎恨那些你開口拒絕後，就**應該做**以及**可以做**的屬於自己人生的事情。過度承諾是惡性循環，你最好學習拒絕，以避免這種情況。當然，對於討好者而言，說比做容易！不過，這就像生活中的其他事情一樣，你愈常練習就愈擅長，因此，請窮盡一切努力成爲拒絕高手，無論是要求給你更多時間做決定，或是將任務委派給他人，甚至請別人替你拒絕。請一定要說「不」，一次又一次。

同時，請練習照顧自己，並爲自己的夢想、目標和優先事項騰出時間。請在時程表保留專屬於自己的時間，你得先從小事著手，其他人可能需要一些時間適應，但請明白，如果你照顧自己的需求，也是爲了別人而成爲更好的自己。

討好者可能長久以來都把別人的需求置於自己的需求之上，忽略了照顧自己，讓你感到筋疲力盡。然而，就像飛機上的氧氣面罩一樣（規則是先戴上自己的氧氣面罩，再幫助別人），重要的是照顧好自己，你才可以隨時對別人伸出援手。

建立當責制

如果要克服任何類型的恐懼，你能做的一件很棒的事，就是找到一位老師或心靈導師並同意對方指導你，而這個人體現了你希望培養的特質與技能。可以的話，請找一位具有不同恐懼原型的人（或許是「被排擠者」），協助讓你的討好者傾向達到平衡。

最好找一位願意將你推離舒適圈的人，這個人也會幫助你練習拒絕與照顧自己。你一開始可能會感到不安，但最終能達到目標，尤其是在自己佩服與信任的人提供協助之後。

拋開討好的需求

事實上，曼蒂瀕臨精神崩潰，但她害怕讓任何人知道，因爲擔心自己會讓他們失望，她知道總有人要退讓。她努力遵守所有承諾，卻因爲做太多事與睡眠不足而筋疲力盡。

然後，流感猛烈發作讓她崩潰了，病到無法下床的她，聽了關於自我照顧與學習拒絕的播客（Podcast；一種數位媒體），終於認清是該做些改變的時候了。

曼蒂先與丈夫談心，他很高興聽到曼蒂將開始留更多時間給自己。他告訴曼蒂，無論如何都愛她，即使她不會一直順從他想做的事。

對曼蒂而言，這意義重大。

曼蒂開始說「不」，優雅地拒絕了先前答應的幾個承諾，並在發現每個人似乎都了解且沒有人生氣時，感到很驚訝。她意識到先前加諸於自身的壓力，可能都來自腦中。

工作上，她不再努力解決所有衝突，而是開始鼓勵團隊成員自行解決。她在制定時程表時，也開始更謹慎地劃定界線。

不過，曼蒂最大的改變是心態的轉變，她已經允許自己的個人需求成爲優先事項。她仍然沒有足夠的勇氣開咖啡店，但每天都愈來愈接近目標。

do it scared

你需要更多訣竅來拋開對於受評判或讓別人失望的恐懼，而且不再將別人的需求置於自己的需求之上嗎？請一定要讀第八章、第十三章、第十九章！

Chapter 4

被排擠者

當你最怕遭到拒絕的時候

我擅長一走了之，遭到拒絕讓你學會拒絕。

——《重擔》（*Weight*），珍妮特・溫特森（Jeanette Winterson）

薇薇安並不是那種「充滿恐懼」型的人。

事實上，多數時候她恰好相反：毫無所懼，制定自己的規則，根據自己的主張過日子。她坦率、自信、勇敢，我行我素，不在乎別人的想法。她總是準備好冒險，熱愛旅行，幾乎無法在同一個地方久待。

薇薇安是科技業的獨立約聘人員，這份工作讓她擁有充分的自由與獨立，能夠為了短期計畫而經常搬家。這就是薇薇安喜歡的方式，因為每次她試著為別人工作超過一年，情況都不是很順利。

薇薇安的前東家總是對她被錄取後的表現與工作能力印象深刻，即使她惹怒了一些人。她從不怕大膽表明想法，也不怕說出其他人不敢講的言論，但有時候過於直率的溝通方式會讓她惹上麻煩。

事實上，薇薇安對大多數人抱持懷疑態度。如果她被逼問，就會承認自己很難相信別人。儘管她可以很風趣，但只將生命中的少數幾個人視為親信，她信任這些人，認為他們才是真正的朋友。

儘管如此，當她感覺被忽略或遭到排擠（同事下班後一起去喝酒或制定週末計畫而未邀她時），總是很難過。她假裝不在乎，但她確實在乎。

薇薇安的原生家庭有三個女兒，她是次女，總覺得自己是家族的異類。她的姊妹既有運動細胞，人緣又好，所有人都很喜愛，包括她的父母。薇薇安總覺得自己格格不入，她對姊妹口中的「古怪」事物比較感興趣，像是戲劇社、電腦、藝術，家人似乎無法理解或欣賞這些興趣。

雖然薇薇安知道家人在某種程度上確實在乎她，但從未眞正感覺家人全心愛她或接納她。他們似乎太忙著參加每場足球、排球、籃球比賽，導致無暇參加藝術展或機器人競賽。薇薇安總是努力表現出不在乎的樣子，但內心深處確實很難過。

她在高中時期開始接受「異類」的名聲，她覺得人們如果認爲她是家庭的叛逆者，那麼她不妨當個名符其實的異類。她挑戰許多極限，質疑許多規則，總是因爲某件事陷入麻煩。

高中畢業後，她決定先旅行一年再去讀大學。甚至到現在，經過這些年，她知道這是她做過數一數二的絕佳決定，也是她一生中首次沒活在姊妹的陰影下。

如今，薇薇安與姊妹相處得不錯，因爲她們長大了，而且各自有自己的家庭。薇薇安擁有體面的工作與可觀的收入，不再被認爲是惹禍精，但她仍然覺得自己永遠無法融入，因此與姊妹保持一定的距離。

薇薇安是被排擠者。

被排擠者原型（The Outcast TM）

被排擠者原型是典型頑強的個人主義者，他們最怕被拒絕，也害怕相信別人，這種恐懼的表現往往是他們在可能被拒絕之前，就先拒絕對方。

諷刺的是，在外人眼中，被排擠者似乎無所畏懼，不在乎別人的想法，完全不怕走自己的路、說出自己的想法、跳脫框架思考、以不同的方式行事。

然而，被排擠者的內心懷抱著一個核心信念，那就是不能依靠或信任別人。他們認爲自己稍微被冷落或排擠，都證實了這個信念，因此更頻繁地拒絕別人。就算不是針對個人且被排擠者其實未遭到拒絕，他們仍假定最糟糕的情況會發生。

因爲被排擠者認爲自己不值得獲得愛與接納，所以總是急著向世界「證明」自己，無論是透過顯著成就、財務成就、社會地位或極端行爲。

被排擠者往往不墨守成規，拒絕規則與限制，做自己想做的事。他們避免因襲傳統，偏好自行解決問題。此外，表面看起來，這讓被排擠者顯得有些無畏，但事實上，這種「我不在乎」的態度是他們可能遭到拒絕之前先拒絕對方的一種方式。

被排擠者被逼到極限時，可能引發自我毀滅或犯罪行爲。因爲被排擠者認爲全世界都串通好要與他們作對，所以覺得沒義務「遵守規則」，結果，被排擠者自私、自戀，只從個人觀點看待人生，有時很難表現出同理心。

被排擠者很難與團隊共事，很難向他人求助，或者很難與人合作進行團隊計畫。他們有時不夠圓滑，想以自己的方式做事而不受別人干預，比較喜歡獨立工作。

被排擠者具有強烈的信念與意見，通常不怕分享這些意見，反而有時會採取可能造成對立或充滿爭議的言論，藉此將別人推開或在自己可能遭到拒絕之前先拒絕別人。

被排擠者是第四常見的恐懼原型，有十五%的人的恐懼原型第一名是它；而三十八%的人的恐懼原型前三名裡也有它。

正向特質

被排擠者往往會奮發努力，積極上進，下定決心要成功（即使只是爲了證明自己的能力）。即使許多人會放棄，但毅力讓被排擠者持續前進，而他們也比大多數人願意承擔更多的風險。

雖然被排擠者並非總是優秀的團隊成員，但如果他們並未因爲信任問題或造成對立的言論而脫序，可以成爲出奇優秀的領導者。被排擠者通常不怕犯錯，擅長抓住機會，勇於承擔責任。

身爲個人主義者的被排擠者，善於批判思考，能建立複雜的觀點。被排擠者往往受到那些允許實現個人成就、獲得讚賞、跳出框架思考的職涯所吸引。他們比較喜歡領導而不是跟從，喜歡完全獨立作業，這吸引他們從事創業、商業、表演、導演、寫作、藝術、獨立約聘人員等職業。

簡介：被排擠者

- ⊖ 害怕被拒絕；往往先將人們推開，以避免被拒絕。
- ⊖ 似乎不害怕也不擔心別人的想法。
- ⊖ 很難與團隊合作；可能自我毀滅。
- ⊕ 積極上進與奮發努力而獲得成功。
- ⊕ 可以成為非常有力的領導者。
- ⊕ 堅持不懈，願意冒險；不易因失敗而灰心。

習慣與行爲

- 總是認爲人們最終會讓你失望。
- 常常害怕與別人變得太親近。

- 只有幾位關係很親近的人。
- 偏好「深入」對話，而不是聊一些打趣的話。
- 通常不怕坦率地說出內心話，不怕把想法告訴別人，結果可能被視爲笨蛋或吹牛大王。
- 常常覺得自己格格不入。
- 可能對任何感受到的拒絕（無論眞假）很敏感，時常因爲他人取消計畫或被排除而感到極度受冒犯。
- 不夠圓滑或缺乏同理心。
- 可能自私、自戀；希望事情按照自己想要的方式進行。
- 很難與他人共事或是團隊合作。
- 不怕冒險，不怕嘗試新事物，不怕跳出框架思考。
- 不喜歡從衆。

被排擠者的心聲

以下想法與信念均來自於「恐懼」研究中，在「被排擠者」項目獲得高分的受訪者。

- 「我擔心自己不夠好，事業不成功，沒人會買我的攝影作品。」
- 「我討厭為別人工作，這就是我創業的原因。」
- 「我到了新地方，認識新朋友。起初覺得還好，但後來變得非常不安與焦慮，擔心人們不喜歡我。我在離開派對後責怪自己，因為原本就計畫參加，準備參加，而且眞的去了，但我害怕被討厭，這種恐懼打敗了我。」
- 「我不想為難自己去吃閉門羹。」
- 「我覺得自己永遠不會因為成就而被接納或獲得認可。」
- 「我害怕與別人變得親近。我會結交新朋友，但由於我的過往，我太膽小了，無法面對恐懼，不敢冒險相信別人。」
- 「我了解自己不能依靠任何人，如果想完成某件事，就得自己做。」
- 「我覺得如果太依賴別人，他們最終會讓我失望。」

- 「我的丈夫在一年前過世，最近我想嘗試網路約會，但後來退縮了。我才四十歲，不想一輩子單身，但因爲擔心遭到拒絕，所以害怕去做。我對自己感到失望，但那不足以讓我採取行動，因爲我可以找個合理的理由。」
- 「我不需要成爲衆人的一分子，我喜歡做自己的事。」

這種恐懼原型如何讓你退縮不前？

儘管被排擠者似乎不怕說出內心想法，不怕嘗試新事物，選擇獨立，勇於冒險，但他們害怕遭到拒絕，這種恐懼透過不明顯的方式讓他們退縮不前。

下列是被排擠者的幾種心態，可能對你產生不利影響，並讓你退縮不前：

- 你懷有一個核心信念，亦即人們不可信，這讓你不願敞開心胸或讓自己變得脆弱。這可能阻止你建立有意義的深切關係，甚至是有用的職場人脈。
- 即使你沒有遭到拒絕，但對任何感受到的拒絕非常敏感。
- 你會努力透過成就來證明自己，導致成功是以犧牲別人與人際關係爲代價。

- 你通常很難與別人共事及合作。
- 你可能冒險，或是做出的決定很危險、不健康或非法。
- 你會趕走試圖幫助你的人。
- 當你覺得被忽略，會感到焦慮與恐懼。
- 有時你缺乏同理心或口無遮攔，因此別人會對你有負面觀感，這又會加深你被拒絕的感受。
- 你固執又自私，在絕大多數的情況下，你希望事情完全按照自己的心意。
- 你的個性內向或不擅交際，就是不喜歡大多數人的陪伴。

克服這種恐懼的策略

如果你是被排擠者，可以使用以下幾種策略來克服「被拒絕」的恐懼。

重新建構

與大多數恐懼原型一樣，你的恐懼主要來自腦中上演的劇本：被排擠者認爲別人不可信，最好在遭到拒絕之前先拒絕別人。

如果你想克服這種恐懼，必須重新建構訊息，創造新劇本，建立不同的自我肯定，如果你能每天重複對自己說，這個自我肯定將能改變你腦中正在播放的訊息。

舉例，如果你的內心深處認爲別人不可信，那麼請開始告訴自己：「從前別人傷害了我，不代表所有人都不値得信任，我的生命中有許多可以信任的人。」同樣地，如果你擔心別人會拒絕你或讓你失望，或許你可以重寫劇本：「有人拒絕我或不同意我的想法，不代表他們否定我這個人。」

採取行動

除了重寫腦中正在上演的劇本，你還得採取一些行動，練習信任別人，並在現實生活中與別人合作，這將幫助你確認與證實這些新信念。

請開始積極讓自己離開舒適圈，尤其是那些你可能會迴避的情況。如果你平常是獨立做事，這時請向人求助；如果你的本能是單打獨鬥，請加入團隊；如果你非常不信任人，請考慮找諮商師探究恐懼的核心。

最重要的是，請試著放下心中的防備，不要假定別人說「不」就是否定你，多數時候，他們並未否定你！

建立當責制

被排擠者很難允許自己變得脆弱，所以重要的是，請努力敞開心胸，即使對象只是一或兩位可信賴的當責夥伴。起初，這可能讓人覺得很不自在，即使如此，尋求當責制與誠實的意見回饋，對於克服恐懼至關重要，當責夥伴將幫助你發現內心的被排擠者築起心防的時刻，並能協助你擺脫被拒絕的恐懼。

你也可以考慮敞開心胸，接受某種心靈導師，允許對方指導你。身爲被排擠者的你，可能會發現這麼做特別困難，因爲你不習慣尋求協助，但這能讓你以需要的方式將自己推離舒適區。起初與心靈導師合作讓人感覺不自在，但你終將體會到與人共事的好處，尤其是在你欽佩與信任的人提供協助之後。

拋開拒絕

在薇薇安三十七歲生日的那天，首度有跡象顯示她可能曲解了家人看待她的方式。姊妹與父母前來爲薇薇安慶生，她喝了幾杯酒後，開玩笑說爸媽比較愛她的姊妹，因爲她始終格格不入。

母親的回答讓她非常震驚。

她說：「小薇，我們一直愛著妳，佩服妳很獨立。我們想支持妳，但妳似乎總是排斥我們，我不得不偷偷溜進妳的房間，找出戲劇表演的時間表，然後溜進觀衆席後方，這樣一來，妳就不會發現我在看，因爲我怕妳不希望我出現……」

然後，她的姊妹插話。

「對啊，小薇，妳總是比其他人冷淡多了，我們以爲妳恨我們。」

忽然之間，薇薇安以全新的觀點看待這些年來對於自己與家人的一切信念，她意識到或許是該做出巨大轉變的時候了。

她聯繫了一位親近的朋友，尋求對方的建議，並開始了解自己的人生怎麼會出現這種把別人推開的模式，了解害怕被拒絕的情緒如何讓這種模式惡化。

薇薇安下定決心採取行動，並從家人開始。她開始安排固定的「姊妹之夜」：姊妹三人一起出門吃晚餐，閒聊並重新建立情誼。薇薇安簡直不敢相信，姊妹們一起相處這麼有趣，不敢相信自己與她們保持一定距離的這些年失去了這麼多。

薇薇安也開始努力與同事建立關係，甚至鼓起勇氣詢問下班後可不可以跟大家去喝一杯。當同事們告訴她，以爲她很討厭他們時，她很吃驚，這就是他們從未邀請她的原因。透過新建立的人脈，她得知了原本會錯過的工作機會。

薇薇安開始慢慢放下「別人不可信」的信念，讓自己變得脆弱，並與別人建立關係。她仍不時感到難過，但總體來說，她覺得自己比以前更快樂，以及更被接納。

do it scared

你需要更多訣竅來克服被拒絕的恐懼，並克制將別人推開的傾向嗎？請務必讀第十一章、第十八章、第二十一章。

Chapter 5

自我懷疑者

當你最怕自己不足的時候

你一旦懷疑自己會不會飛，就再也飛不起來。

——《彼得潘》（*Peter Pan*），詹姆斯・馬修・巴里（James Matthew Barrie）

珊卓拉總是好奇充滿自信是什麼感覺。

她的三個手足似乎擁有全世界的自信，有時她看著他們，眞希望自己能獲得一丁點他們擁有的特質。他們事業有成，似乎一直在旅行，總是過著非常充實的生活，珊卓拉感覺自己就像局外人。

她很難不怨恨。

事情並非總是如此，至少不盡然如此。她在高中時是學校校隊——排球隊的明星球員，帶領球隊贏得多項州冠軍，榮獲「最有價值球員」的獎項。

即使如此，珊卓拉在內心深處從未覺得自己優秀，很怕人們在某個時候開始發現她不像大家以爲的那麼好。實際上，她幾乎不間斷地練習，眞正原因是擔心自己無法達到目標，辜負了別人的期望。

她獲得全額獎學金，可以在美國大學體育協會的A級學校打排球。不過，她拒絕了，而是選擇就讀社區大學，並決定不再打排球。她就是再也無法承受壓力了。

然而，經過這些年以後，她仍然好奇：要是當時沒做出那種決定，結果會怎麼樣呢？

大學畢業後，珊卓拉擔任當地新創公司高階業務經理的行政助理。雖然這份工作起初充滿挑戰，她在第一年很怕自己會搞砸事情後被開除，但最後愛上了這份工作。她總是確切知道要做的事情以及每種情況的處理方式，也覺得很有趣。

不過，後來她結婚，不久就懷孕了。她在丈夫的強力要求下，辭掉喜愛的工作，成為全職媽媽。現在，她的三個孩子長大了，變得很獨立，儘管她對孩子的愛勝過自己的生命，但心中始終對於被迫放棄事業仍感到有些怨恨。

珊卓拉愛丈夫，但有時會嘲笑他的穿著與髮型，還經常說他工作過度，在過去幾年胖了好幾公斤。丈夫覺得她太愛批評了，他們吵架時，他就會這麼說。

珊卓拉知道自己得停止批評，但有時就是忍不住，難以控制。不過，她知道這與對自己不滿比較有關，與其他人無關。事實上，珊卓拉的丈夫不是唯一變胖的人，她知道自己也是，卻無法控制飲食。

珊卓拉沒有太多親近的女性朋友，時常羨慕有許多閨蜜的女性。即使這樣，她還是無法說服自己敞開心房。不久前，她丈夫與工作時認識的一名男子成為朋友，對方的妻子妲西也試著與珊卓拉做朋友，他們四人有一次共進晚餐，但此後每次妲西主動聯絡，珊卓拉都會找藉口拒絕。

事實上，妲西擁有的一切讓珊卓拉徹底嚇到了：她長得很漂亮，身體健康，經營私人教練生意，懂得像金牌廚師那樣烹飪，無論到哪裡似乎都能交到朋友。她就是珊卓拉想成爲的那種理想女性，但珊卓拉辦不到。

因此，珊卓拉沒有向妲西敞開心房，反而愈來愈挑剔妲西，常常對著丈夫挖苦妲西的穿著、教養方式，以及其他想得到的任何事。當妲西與丈夫決定搬家之後，這兩對夫妻在餐廳見了最後一次面，珊卓拉終於卸下心防，與妲西誠懇談心。直到那時，珊卓拉才意識到不安全感讓她錯失了一段原本可能很美好的友誼。

珊卓拉是自我懷疑者。

自我懷疑者原型（The Self-Doubter TM）

深深的不安全感（有時隱藏起來）時常讓自我懷疑者感到困擾，他們最怕能力不足，其表現往往是害怕自己不夠優秀，無論「優秀」是代表聰明、有才華、有學識、漂亮、強壯、談吐得體、酷等等。

自我懷疑者常常擔心自己夠不夠格或有沒有能力，不安全感與不確定的事物會讓他們無法或不願採取任何行動。

自我懷疑者會不斷地聽到一個聲音：「你辦不到這件事」、「你沒有能力」、「爲什麼你覺得自己做得到？」這個聲音讓自我懷疑者質疑自我價值，並自我貶低。

有趣的是，自我懷疑者有時會對別人吹毛求疵或評判，藉此掩飾或彌補這種不安全感。他們向周圍的人（尤其是最親近的人）投射「你不值得」的感覺，這些人可能正在冒險，追求目標與夢想，或是跨出舒適圈。結果，「自我懷疑者」有時會顯得有些冷嘲熱諷或尖酸刻薄。

自我懷疑者也可能會因爲強烈的嫉妒而苦苦掙扎，他們嫉妒那些正在做他們想做之事的人，而他們害怕自己做不到，所以沒去做。同樣地，這種嫉妒可能透過諷刺、八卦、批評的形式表現出來。

他們似乎生性喜愛嫉妒與批評，但追根究柢，這些都源於「自己不值得」的感覺，這可能對人際關係產生不利的影響。諷刺的是，那些與自我懷疑者親近的人，可能會覺得自己永遠無法達到自我懷疑者的期望，導致雙方疏遠，這反而增強了自我懷疑者認爲自己不夠出色的信念。

這是惡性循環。

自我懷疑者懷有深深的不安全感，經常渴望獲得稱讚與保證，有時甚至貪得無厭。自我懷疑者渴望獲得認可，需要時常聽到肯定的話語以建立自我價值感。

自我懷疑者是第五種常見的恐懼原型，有三%的人的恐懼原型第一名是它，而二十四%的人的恐懼原型前三名裡也有它。

正向特質

自我懷疑者可能顯得謙虛，通常不自誇也不高傲，沒有過度膨脹的自尊心。自我懷疑者往往非常勤奮，總是願意付出更多努力，但這麼做是爲了彌補內心察覺到的任何弱點。

自我懷疑者非常敏感，儘管他們有時會被認爲很挑剔，但都有同理心，心地善良，非常在意別人的感受。自我懷疑者會受到具有一套明確指示與期望的工作，或得以精通特定工作的職涯吸引。

簡介：自我懷疑者

- ⊖ 充滿不安全感，覺得自己不夠優秀，並深受困擾。
- ⊖ 常常因自我懷疑而動彈不得，自覺被困住了。
- ⊖ 批評別人，藉此掩蓋不安全感。
- ⊕ 非常努力工作，賣力的付出超乎期待。
- ⊕ 心地善良，有同理心，善於傾聽。
- ⊕ 謙虛與樸實。

習慣與行爲

- 非常害怕能力不足，經常覺得自己配不上。
- 掙扎於負面的自我對話，腦中的聲音讓他們質疑自我價值。

- 經常覺得自己不夠格與「不足」，像是不夠聰明、學識不夠、不夠漂亮、不夠井然有序等。
- 對自己與別人吹毛求疵。
- 可能給人負面或尖酸刻薄的印象。
- 掙扎於嫉妒的感覺，尤其是嫉妒那些正在從事他們想做的某事的人。
- 渴望得到保證與正面肯定。
- 謙虛，不會爲了自尊心而掙扎。
- 有時難以建立或維持友誼。
- 非常努力工作。
- 可能因爲不安全感而感到無法動彈或受困。
- 如果被要求做全新的東西，會想著「哦，我不知道怎麼做」。
- 老是覺得其他人更值得獲得成功。
- 希望有更好的結果，但不認爲自己能夠爲了改變而採取必要行動。

自我懷疑者的心聲

以下的想法與信念均來自那些在「恐懼」研究中，在「自我懷疑者」項目獲得高分的受訪者。

- 「我不設定目標，因爲不知道自己想要什麼，我已經花了一輩子學習融入。我媽與我前夫說的話一遍又一遍浮現在我腦海裡，他們說我不夠好，還說我永遠一無所長。」
- 「我放任恐懼阻止自己成爲教會的領袖，腦中的聲音說我不夠好，沒有足夠的時間，知識不足且不能教導別人關於上帝的事，別人可以看穿我，而我聽從了那個聲音。我總是想太多，自我批評，凡事很容易打退堂鼓，然後不得不面對讓別人失望的內疚感。」
- 「我怕失敗，因爲我總是失敗。我一直努力，直到事情變得太困難，然後我放棄，那麼我爲什麼還要嘗試？」
- 「我討厭公開演講或任何形式的公衆關注。有時被要求發言，但覺得自己不夠格也不能勝任。然而，我決定不踏出舒適圈以後，對自己感到羞愧與失望。」

- 「我很肯定自己會失敗，甚至不想費力去做。此外，我敢說別人想知道我嘗試的原因，因爲我顯然不會成功。」
- 「我怕意識到自己沒能力做眞正想做的事，怕沒人會認眞看待我或在意我付出的心力。」
- 「我知道自己充滿活力，但就是無法採取行動。這讓我感到挫敗，也讓我非常難過。我想跨出那一步，卻無法穿過那道牆。」
- 「我家的每個人都很聰明，我覺得自己很笨，總是犯錯，從來不記取教訓。」
- 「我怕自己看起來愚笨或不能勝任，總覺得自己不配獲得成功或擁有目前的地位，擔心有人會覺得我是騙子。」
- 「數年來，我一直害怕辭掉這份讓人筋疲力盡的工作，因爲我覺得事業不成功，認爲自己沒能力做別的事。我不認爲這份工作不適合我，而是覺得問題出在自己身上，這讓我被困住很長一段時間。」

這種恐懼原型如何讓你退縮不前？

自我懷疑者會爲了腦中的微弱聲音而苦苦掙扎，那個聲音會說你不夠好，導致你懷疑自己的能力。

下列自我懷疑者的幾種心態可能對你產生不利影響，並讓你退縮不前：

- 避免冒險或嘗試新事物，因爲你擔心自己不具備成功所需的條件。
- 你會發現自己因爲害怕做不到，頻繁地質疑自己的決定或改變主意。
- 當你看到別人成功，尤其是他們完成你想做卻不敢嘗試的事，你不會替他們感到高興，而是感到沮喪或嫉妒。
- 你對最親近的人吹毛求疵，讓他們覺得永遠無法達到你的期望，導致你的人際關係遭到破壞。
- 你很容易受到同儕的壓力影響，或是跟從流行的觀點，因爲你覺得自己不夠格或沒能力說出自己的意見。
- 你很難寬恕自己或他人，很難允許自己嘗試新事物與犯錯。
- 如果被迫得冒險或跨出舒適圈，你可能會感到焦慮與害怕，而且不相信自己具備充足的必要技能。

- 你讓「能力有限」的狹隘信念，支配了允許自己去做的事及認爲自己做得到的事。

克服這種恐懼的策略

你害怕自己不夠優秀，那麼可以利用以下幾種策略來克服這種恐懼。

重新建構

如果某些事情不如意，或者犯錯或經歷失敗時，自我懷疑者會對自己感到失望。然而，重要的是要記住，錯誤與失敗只是人生常態。此外，往往都是錯誤賦予我們繼續前進的寶貴經驗！

這是否意味著犯錯或事情出錯很有趣？不，當然不是，目標顯然是讓事情順利進行，但你不能讓失敗阻礙你往目標邁進或嘗試新事物，因爲錯誤及失敗是另一種勝利。

當你有意識地做了選擇，不再擔心可能搞砸事情的所有方式，只專注在可從經驗中學到的教訓，那麼無論結果如何，你都讓自己有了**嘗試**的力量，這種力量會消除第一次就要把事情做到正確的所有壓力，讓你充分享受整個過程。

採取行動

行動是消除恐懼的良藥，如果自我懷疑者要真正克服不安全感，消除覺得自己能力不足的恐懼，唯一方法就是開始證明自己真的有能力。

好消息是，透過在舒適圈之外的小冒險，邁出小小的步伐，你將能在舒適圈之外鼓起勇氣承擔更大的風險，邁出更大的步伐。採取行動並戒慎恐懼地行事，是最快建立信心的方法，請繼續練習，每天至少做一件自己會害怕的事。

建立當責制

自我懷疑者腦中總有微弱的聲音說著「你沒能力」，這個聲音可能變得很大，壓過了任何相反的意見。如果那種情況發生了，即使這個想法並非基於現實，你仍容易迷失在充滿不安全感、覺得自己不具資格的個人世界裡。如果你正努力對抗那些自我挫敗的想法與「自己不夠好」的感覺，請透過可信賴的朋友、心靈導師、諮商師或人生教練等外部觀點，來增加信心。

當然，這代表讓自己變得脆弱，對於自我懷疑者而言，這可能是最困難之處。即使如此，如果你聽到別人跟你說，你的想法可能不正確，這也會產生很大的影響。更重要的是，具有專業技術的人生教練或心靈導師，可以告訴你如何採取行動，擺脫那些恐懼與不安全感。

拋開不安全感

珊卓拉對於自己與妲西的相處經驗深感遺憾，她決定在自我懷疑摧毀她之前，找個方法加以克服。首先，她閱讀一些心靈勵志書，聽了一些激勵人心的播客，儘管那些都很有用，而且有點鼓舞人心，但她也意識到自己可能需要一些協助來克服長期以來心中湧現的不安全感。

她覺得與熟識的人聊這些事很不自在，因此約了一位在網路上找到的人生教練。教練鼓勵她從練習自我照顧開始，並從事一些專屬於她的事，例如取得健身房會員資格，與私人教練一起健身，加入業餘排球聯盟。

珊卓拉很驚訝再次打排球竟然這麼有趣，尤其是現在她不再面臨成爲最佳球員的壓力。隨著自己變得活躍健康，她也開始對外表更有自信，進而讓自己感到快樂多了。

人們開始注意到珊卓拉的改變，尤其是珊卓拉的丈夫與孩子。

珊卓拉的人生教練也鼓勵她踏出舒適圈，考慮重回職場。她花了將近六個月才鼓起勇氣，開始應徵工作，找到了兼具挑戰與彈性的兼職行政工作。

然而，對珊卓拉來說，最有意義的是重新獲得的友誼。她不再嫉妒其他女人，也不再覺得自慚形穢，而是開始看到她們的優秀特質，並意識到自己可以欣賞別人的天賦而不會覺得自己不足。

這是巨大的轉變，而一切都不同了。

do it scared

你害怕自己沒能力，充滿了不安全感，而且覺得任何事都不能勝任嗎？需要更多訣竅來克服這種恐懼嗎？請一定要讀第十章、第十二章、第十四章、第十九章！

Chapter 6 愛找藉口者

當你最怕承擔責任的時候

「從失敗走向成功，比從藉口走向成功更簡單。」

——《成功一〇一》（*Success 101*），約翰·麥斯威爾（John C. Maxwell）

卡羅琳給人的第一印象很棒。

她聰明、充滿自信、善於表達，人們真的會聽她說話並仰慕她。很棒的是，她總是非常博學，時常能解釋專長領域裡思想領袖的理論或哲學。

事實上，卡羅琳很善於解釋別人的想法，因此大家通常不會注意到她很謹慎地避免分享個人想法與意見，也不發表以後可能對她不利的任何言論。

卡羅琳早已認知，比起分享個人想法，並冒著想法行不通而遭到責怪的風險，躲在別人的想法後面比較安全，因為她討厭負責任。

在卡羅琳的成長過程中，父母對她的期望非常高，給她很大的壓力，要求她拿到優秀的成績，並在音樂與體育領域能夠出類拔萃。

話雖如此，只要她沒達到那些期望，父母也會編出許多藉口。如果她的考試或報告成績不佳，他們就會打電話給老師，請對方更改成績，而且不只一次，即使她成績不佳的原因是不用功。父母堅稱她沒獲選進入郡立管弦樂團的原因，是他們負擔不起指揮的私人課程，而不是因為她參加徵選時表現不好。

卡羅琳體認到，只要她有藉口說明自己沒達到期望的原因，父母就不會對她感到失望。

大學期間，卡羅琳很早就明白，如果要在任何課程獲得好成績，關鍵就是知道如何再現授課教授的思想與觀點。她很清楚如何在考試時重述教授上課時使用的確切詞語，結果她總是深受喜愛，大多時候連續拿到A的好成績。

然而，偶爾有教授看穿這種策略，並鼓勵卡羅琳表達個人想法。那是她眞正碰到困難的時候，有時爲了避免被迫明確表達意見，她會停修那堂課。

畢業後，卡羅琳被一家大型製造公司的總部聘爲計畫經理。她總是很清楚說什麼話才得體，於是很快就在所屬的部門出名，並在接下來的幾年內多次升遷，最後被任命爲營運副總經理。

不過，卡羅琳登上部門的這個最高職位時，開始遇到困難。爬到這個位子後，她總是被要求針對各個決定發表意見，但做出最後決定的幾乎都是別人。她從來不必擔心自己會因糟糕的決定而受責備，或因做了錯誤選擇而受批評。

她討厭成爲負責任的那個人。

事實上，這就是她最後決定辭職而成爲顧問的原因。她意識到自己喜歡提供建議，喜愛分辨不同選擇，喜歡提出許多觀點與想法讓人思考，而從來不必做出最後決定。她喜歡掌握這個產業的脈動，但從來都不想負責任。

這種傾向也延伸到她的私生活。在婚姻與友誼中，無論是買房子或看電影，她從來不想做決定。她與丈夫吵架時，對方最常抱怨的是，她似乎總是爲每件事情找藉口。

卡羅琳是愛找藉口者。

愛找藉口者原型（The Excuse Maker™）

愛找藉口者原型也被稱爲「推卸責任者」，他們最害怕承擔責任，這種恐懼也會表現爲害怕被追究責任，或是被發現有責任。

由於愛找藉口者害怕遭到指責，因此經常找藉口（應歸咎於某人或某事），解釋爲什麼他們無法做某事或情況就是如此。

這些原因與合理解釋似乎完全站得住腳，有時人們很難確定愛找藉口者正在推卸責任與迴避責任。

愛找藉口者極度擅長將人們對他們及其責任的焦點與關注，轉移到其他人或其他情況。他們擅長找合理藉口，總是爲無法完成某件事的原因找理由或解釋。愛找藉口者在擔任領導角色時可能會不自在，而且對於負責、冒險和親上火線感到緊張，寧願聽從別人的判斷。每當要爲生活做些改變或追求目標時，愛找藉口者（儘管並非總是如此）寧可遵循別人的例子或指導，例如心靈導師、人生教練、老師。愛找藉口者密切關注對別人有效的事物，並試著照做。

當愛找藉口者被迫成爲衆人焦點，或被要求分享個人意見或想法時，往往感到不安，因爲他們害怕爲該意見負責或因爲不利的結果而遭到指責。他們會等別人分享觀點後再發表個人想法，並且常常聽從別人的判斷，而不是堅持自己的立場。

諷刺的是，愛找藉口者原型的本質（傾向於避免承擔責任或愛找藉口）讓它成爲較難擁有與接受的恐懼原型，因爲這種原型的自然傾向是找藉口逃避罪責。

「愛找藉口者」原型並**不比其他恐懼原型來得優秀或糟糕**。事實是，這些恐懼原型都不正面，它們都以某種方式讓我們退縮不前，而且每種恐懼原型多多少少影響著我們。

愛找藉口者是第六常見的恐懼原型，三%的人的恐懼原型第一名是它，而它也在二十%的人的恐懼原型之中名列前三名。

正向特質

愛找藉口者可以成爲優秀的團隊成員，而且善於與別人合作及共事。因爲他們擅長從生活中學習，很懂得吸收別人的成功經驗與犯錯的教訓。他們很能接受指導，搭配適合的心靈導師或教師時，可以達到卓越的成果。

愛找藉口者是出色的啦啦隊長，很喜歡幫助別人，還能讓別人感覺並相信自己有能力做出了不起的事。即使他們有時不願發表堅定的觀點，但往往是敏銳的觀察者，具有優秀的洞察力。比起直接領導的角色，擔任強力的協助角色讓愛找藉口者感到最快樂也最自在，而且他們喜歡能聽從上級判斷或意見的職位。

簡介：愛找藉口者

- 害怕承擔責任或被責備。
- 找藉口而不是求進步。

- ⊖ 不願領導或負責，並偏好讓別人做決定。
- ⊕ 是優秀的團隊成員。
- ⊕ 善於觀察，能從別人的錯誤學到教訓。
- ⊕ 是出色的啦啦隊長。

習慣與行爲

- 想到要爲錯誤或過失受責備或負責任，就覺得不安。
- 經常認爲自己的挫折與失敗，是情況失控或其他人未盡本分的結果。
- 每當出了問題，通常會有藉口或解釋，而且往往站得住腳，非常合理，因此他人不容易確定那是藉口。
- 不願意分享自己的意見，因爲害怕要爲該意見負責。
- 由於現在或從前缺乏指引、支持、領導（例如糟糕的父母、教師、上司等）

而覺得受到阻礙。

- 有時將目前的困境，歸咎於很久之前或童年時期發生的事。
- 希望教師或指導者爲其指明方向。
- 很難在團隊裡做決定或代表他人做出決定。
- 偏好與別人共事及合作，而不是單打獨鬥。

愛找藉口者的心聲

以下想法與信念均來自那些在「恐懼」研究中「愛找藉口者」項目獲得高分的受訪者。

- 「現在我的手頭非常緊，讓我無法懷抱夢想繼續前進。」
- 「我很緊張，如果事情出錯，每個人都會生我的氣，我會受到責備。」
- 「我一直夢想著擁有一間小麵包店，但財務狀況讓我無法圓夢。學貸占了債務的一大部分，我根本不可能實現夢想。」

- 「我有許多事情要學，而且在帳單繳交期限之前，我擁有的時間很少，這常常讓我覺得自己被壓垮了。我得立刻賺錢，而不是六個月後才去賺錢。」
- 「我不想對其他人負責。」
- 「我眞的沒有時間及資源做好這件事，所以我認爲自己根本不該做。」
- 「我最大的人生夢想是成爲馴馬師，但二十二歲的我沒有馬術背景，我覺得自己的年紀太大了，無法開始該領域的事業，而所有成功的馴馬師似乎在還不會走路時就開始這個事業。我覺得整個前景讓人卻步，而且不可能發生。」
- 「我想創業，但感覺總是有人或事情阻止我。我沒時間也沒有錢，沒人告訴我該做些什麼事。」
- 「我眞的想寫一本書，我一直想成爲作家，但從未動筆寫過。我總是有藉口，我知道這是因爲恐懼，但不知道該如何克服。」
- 「我害怕自己必須獨自做這件事，擔心沒有提供支持的網絡或沒人能依靠。」

這種恐懼原型如何讓你退縮不前？

愛找藉口者原型面臨的最大危險，是不願爲人生負起全責，不願接受發生在自身的一切事情。這種自然傾向是爲了避免受到指責或負起責任，但找藉口其實是放棄掌控自己的命運，即使一個藉口很好，仍只是一個藉口。

下列愛找藉口者的幾種心態可能對你產生不利影響，並讓你退縮不前：

- 如果別人沒先做出決定或結論，你可能很難做出最後決定或結論。
- 你很難表達個人想法與意見，因爲害怕以後得爲這些意見負責。
- 如果當個領導者，代表事情出錯時可能要承擔責任或受到指責，你會覺得很不安。
- 你擅長提出好藉口或合理的解釋，說明自己不該嘗試某些事或無法達成某件事的原因，即使最後這些藉口對你沒好處。
- 當你不願認錯，往往會找藉口或推卸責任，這可能讓別人感到沮喪，還會對你的人際關係造成不良影響。
- 當你覺得被迫明確表達意見，遭到指責，或是被要求對某個決定負責，你可能感到焦慮、憤怒、害怕，而且會猛烈批評。

- 冒險對你來說很困難。
- 你可能將目前的難題或挫折，歸咎於過去發生的事，例如艱困的童年、缺乏支持、缺乏優秀的心靈導師，這樣就能避免現在承擔全部的責任。

克服這種恐懼的策略

如果你害怕承擔責任，那麼可以利用下列幾種策略來克服這種恐懼。

重新建構

你的恐懼主要來自腦中一直上演的劇本，那個訊息跟你說，你不想承擔過失的責任，因此，重新建構自己看待負責任的方式，將有助於你前進。

如果內心深處認為藉口能讓你避免受到指責，請試著告訴自己：「沒有人喜歡聽藉口。如果我承擔責任，人們更可能尊重我的工作。」同樣地，如果你很難控制失控的情況，請告訴自己：「我可能無法控制一切，但可以爲自己做的選擇負責。」

採取行動

愛找藉口者可能會發現自己一生中最有力的行動，就是採取「不找藉口」的心態，每當你決定爲自己的每個選擇及決定負責，都是勇敢的行爲。「不找藉口」的心態，意味著終結所有正當的理由，並拒絕歸咎於傷害你的人、你所處的環境或發生在你身上的可怕事情。

心理學家將此概念稱爲「控制力來源的轉變」，亦即人們認爲人生取決於自己**內部（內心）**的控制，而不是由超出控制的**外部**力量決定。認爲人生取決於內心的人，在生活中更積極主動，生產力更高，更成功，這代表變得更積極主動就是對自己的選擇負責。

儘管採取不找藉口的心態、爲生活及處境負起全責，在起初似乎很可怕，但這會讓人覺得非常自由！當你爲人生負責，就不必擔心可能發生的事，不必擔心別人對待你的方式或是會遇到的障礙，因爲你將握有掌控權。

建立當責制

你允許別人指出自己愛找藉口，並非簡單的事，但積極尋求當責制，可能是克服這種恐懼最好的方法了，無論當責夥伴是同儕，或是象徵你想培養的特質與技巧的教師或心靈導師。

當責夥伴或心靈導師將會對你說實話，每當你找藉口或因爲害怕被指責或負責任而退縮不前，他們會直接告訴你。理想上，你該找到一位不怕指責你的人，這個人會協助你練習爲人生及決定負責，一次一小步。起初你會覺得不自然，但終能達到目標，尤其是在你佩服與信任的人提供協助之後。

拋開藉口

一旦卡羅琳開始注意到自己找藉口及從不願負責的模式，對人生與人際關係產生不良影響後，她知道自己得採取行動。

她聘請了一位商業教練來獲得更多指導與問責，教練逐漸幫助她了解自己先前在生活與顧問業務裡，迴避責任或找藉口的一些方式。起初，卡羅琳很難接受這種回饋的意見，也很難爲自己的決定負責，但當她練習採取「不找藉口」的心態，先從小決定開始，再來是重大決定，她感到自己擁有全新的自由與力量。

她與前來諮詢的客戶一起工作時，第一個眞正的重大突破出現了：她提出該公司可採取的幾項行動方針後，執行長轉頭問她：「妳認爲我們該怎麼做？」

通常，卡羅琳會重述各個方案，並解釋她只提供諮詢，避免回答這個問題。不過，這次卡羅琳直視執行長，表示：「如果這是我的公司，我絕對會選擇方案A，我認爲你應該這麼做。」

執行長贊同並感謝她的建議，接著說：「我原本以爲妳也是那種從未眞正發表個人意見的顧問。」

隨著時間過去，卡羅琳開始明白，客戶寧可她提出有時出錯的眞實意見，而不是那些無法幫助他們做決定的空洞建議。她了解到，他們尊重她願意說出自己的意見，如果她出錯，只要她願意承擔責任，他們很少埋怨她。

慢慢地，爲人生負責將變得愈來愈容易。

卡羅琳的丈夫也開始注意到這個變化。有一天，卡羅琳說：「你知道嗎？你說得對！我不該那樣做，對不起，這百分之百是我的錯。」他差點摔下椅子。

這些日子以來，卡羅琳在辦公桌上方的標語寫著「不找藉口」，這不斷提醒她爲自己做的選擇負起全責。現在她明白自己以前因爲害怕受到指責而陷入困境，而她再也不想回到從前了。

do it scared

需要更多訣竅來克服你對負責任的恐懼與找藉口的需求嗎？請一定要讀第十章、第十一章、第二十章。

Chapter 7

悲觀主義者

當你最怕逆境的時候

「你想得愈負面，就覺得自己愈可憐。」

——夏儂・阿爾德（Shannon L. Alder）

珍妮絲的內心深處覺得自己總是面臨不利的處境，儘管她不想向任何人承認，但在這一點，她常常覺得自己得努力生存，才不會被再次擊倒。

成長過程中，她的家庭生活很不正常，她清楚記得曾期望與祈禱自己的家庭能正常。珍妮絲的所有朋友似乎都擁有完美的父母與生活，而她的父親酗酒，母親總是疲憊不堪。儘管他們不算窮，但父母總是有金錢壓力，而且一直在吵架。

珍妮絲讀七年級時，父母終究離婚了。她覺得很丟臉，從未告訴任何人，也避免邀請朋友到家裡，因此沒人發現她的祕密。

上大學後，她的學業成績一直不錯，直到大二那年罹患傳染性單核球增多症（Infectious mononucleosis）。她連續好一陣子都沒有精力，幾乎無法上課，成績開始下滑，最終失去了獎學金。由於學費太昂貴，她無法繼續讀書，不得不輟學。

離開學校後，她在一家公司當全職的櫃檯接待人員。原本以爲自己有機會繼續升遷，但老闆顯然不喜歡她，她被拒絕升遷兩次後，決定尋求其他選擇。她報名當地一家美容學校的夜間部，受訓成爲美容師，然後在當地一家旅館的水療中心工作。

她發現自己喜愛幫助人們解決肌膚問題，而且很擅長這個領域。她有了一群忠實的顧客，儘管有時她覺得自己比較像諮商師，而不是美容師，人們總是在分享自己的人際關係問題！大多時候，珍妮絲都很擅長傾聽，這就是人們向她敞開心房的原因。

珍妮絲在水療中心工作幾年之後，她與幾位同事決定自立門戶，開設一家小型按摩與護膚診所。頭幾年，營運進展順利，但隨後珍妮絲開始注意到另外兩位事業夥伴愈來愈親密，感覺像是將她排拒在外。她好幾次發現他們沒找她開會，而且沒諮詢她的意見就做出事業相關的決定，情況開始變得緊蹦。

後來，珍妮絲到歐洲度假一個月，這是她計畫多年的旅行。她不在時，合夥人本該為她的顧客提供服務，但他們搶走整個業務，並撤除她的合夥人身分。

這讓珍妮絲傷心欲絕。

她哭了三天，不明白竟然有人會如此刻薄自私。

最後，她回到那家旅館的水療中心，但痛苦與怒氣讓她很難樂在工作。現在顧客分享他們的問題時，她會忍不住翻白眼，要是他們知道眞正的問題就好了！

珍妮絲覺得自己很努力想要成功，但一直受到打擊。如果人生顯然如此不公平，那麼嘗試有什麼意義呢？她跨出了舒適圈，並在過程裡身心俱疲。她眞的覺得沒有很棒的解決辦法，擔心付出努力只會遭到背叛或被擊敗。她害怕逆境，因為感覺自己的人生就只有逆境。

珍妮絲是悲觀主義者。

悲觀主義者原型（The Pessimist™）

悲觀主義者的原型往往是情況超出他們控制的受害者，苦苦掙扎於對逆境的恐懼，這種恐懼常見的表現是害怕煎熬或面對痛苦。

因爲悲觀主義者最近或以前經歷了某種人生的艱辛、悲劇或逆境，有合理的原因覺得自己是受害者。然而，悲觀主義者容許自己持續扮演受害者，正是他們陷於困境的原因。

悲觀主義者非常害怕逆境與艱困，而且覺得自己無法掌控當下的處境，很容易在遇到困難或充滿挑戰的情況時陷入困境。悲觀主義者不將障礙視爲成長與培養毅力的機會，而是將悲劇與艱辛視爲放棄或根本不嘗試的正當理由。

悲觀主義者無法或不願正面面對自己的處境，寧願躲起來避免額外的痛苦。諷刺的是，這種反應往往會讓情況惡化。

悲觀主義者可能很難有遠見，或跳脫個人痛苦、艱困、困難的情況來看待事情。他們覺得別人都過得比較輕鬆，或者覺得自己很倒楣，看不到自己的受害者心態。

悲觀主義者有時給人的印象是怨天尤人，常常覺得自己的運氣比別人差，人生根本不公平。悲觀主義者也認為自己是個人境遇的受害者，無法掌控自己的命運。

毫不意外的是，悲觀主義者恐懼原型的本質，讓它成為難以被人承認與接受的恐懼原型。如果一個人發現自己是悲觀主義者，最常見的反應是生氣、否認、動怒。沒有人想將自己視為悲觀主義者或受害者，即使正是這種心態讓他們陷入困境。

悲觀主義者的原型並不比其他恐懼原型更好或更糟。所有的恐懼原型都以某種方式讓我們退縮不前，而且我們都擁有每種恐懼原型的其中一些特質。

悲觀主義者是最不常見的恐懼原型，三．四%的人的恐懼原型第一名是它，有十六．九%的人的恐懼原型前三名之中也有它。

正向特質

悲觀主義者往往善解人意，待人寬厚。別人經常找他們談心，他們流露了情感，而且他們的感受比其他人更深刻強烈。

他們非常關心別人，有同情心，心地善良，還會對別人充滿同理心。他們通常相當合群，擅於傾聽，也懂得體貼且深思熟慮。

悲觀主義者常常受到「照顧別人」、「與人互動」、需要體貼與創意表達的職業吸引，常見的職涯規畫包括護理、看護、社工、物理治療、諮商、美容、按摩治療、美學、藝術、教學、寫作。

簡介：悲觀主義者

- 害怕逆境，但似乎常常處於逆境中。

⊖往往將艱困的事視為停止的標誌，而不是墊腳石。

⊖感覺無能為力，無法改變自己的處境，並且變得刻薄。

⊕很關心別人，充滿同情心。

⊕富有同理心，擅於傾聽。

⊕善解人意，待人寬厚。

習慣與行爲

- 經常難以擺脫過往的困境。
- 覺得沒有任何方法可以解決自己的問題。
- 將困難視爲停止的標誌，而不是墊腳石。
- 覺得自己比大多數認識的人都糟糕。

- 經常覺得超出掌控的情況阻礙他們實現目標。
- 面對逆境或挑戰時可能會中止。
- 碰到困難時可能會放棄，而不是堅持下去。
- 比其他人感受到更強烈的情緒。
- 可能對批評與逆境很敏感。
- 有時會受困於自己的想法。
- 會避開冒險。

悲觀主義者的心聲

以下想法與信念均來自那些在「恐懼」研究中「悲觀主義者」項目獲得高分的受訪者。

- 「我擔心自己想做的事情太困難了。」
- 「我不想浪費那些時間與心力，結果只是再次被擊敗。」

●「我第一次懷孕時困難重重：醫師不聽我說話，在他的照護下，我感到不舒服，但沒人聽進去。我沒有換掉醫療服務提供者，後來我分娩時，寶寶死亡了。我眞希望當初說出想法，並依照直覺去做。從那以後，我一直爲了失去孩子而悲痛。」

●「我退縮不前的原因是**生活**：我得了癌症，但必須照顧年邁的父母，我家一直很窮。我還有一些想做的事情，但就是不可能去做。」

●「我對嘗試與失敗感到很厭倦，就是不想再做了。」

●「我總是很疲倦，因此擔心會有額外的工作，不知道最後是否值得。我成爲主要賺錢養家的人，還要當妻子與媽媽，這讓人筋疲力盡。我幾乎沒時間喘口氣，我有一個孩子有特殊需要，即使他已經是青少年了，但永遠不能讓他落單。我的年邁父母與受到忽視的房子，也需要我照料及打點。」

●「一場車禍讓我的舞蹈生涯結束後，經濟也同時垮了，讓我遇到許多問題。因爲受傷，我無法經營公司，也不能再跳舞。我被困住了，不知道人生該朝哪個方向前進或如何向前邁進。它讓我停滯多年，而且仍在許多方面讓我退縮不前。」

- 「我不想給丈夫更多炮彈來攻擊我。他不相信我，因此讓我覺得自己做不到。」
- 「我總是嘗試新事物，但老問題總是阻礙我，讓我失敗。」

這種恐懼原型如何讓你退縮不前？

感知就是現實，對於悲觀主義者原型而言，「人生不公平」或「生命不如別人」的感覺可能變得殘酷。這種感覺或感知往往來自眞正艱難的情況，像是悲劇、疾病、背叛或死亡，而你正努力克服它。

重要的是，你了解自己感受到的痛苦、憤怒、怨恨都很合理，甚至很正當。然而，允許自己因爲困難情況而受困，是無法幫助你的，只會讓你退縮不前。下列悲觀主義者的幾種心態可能對你產生不利的影響：

- 你容易灰心，很難對抗挑戰與逆境，會在「混亂的中間期」受困或感到挫折」。

- 你有時會反覆陷入自憐與「覺得自己可憐」的心態，認爲人生不公平或自己的處境比其他人來得悲慘。儘管這可能正確，但覺得自己可憐只會讓你退縮不前。
- 當你覺得自己被誤解時，很難原諒及寬恕別人。
- 你很難與那些做得比你好的人維持正面關係。你認爲人生不公平，這會讓你嫉妒那些你認爲處於優勢的人。
- 你對痛苦與逆境的恐懼，導致你避免冒險（即使是小風險），或者避免追求偉大目標與夢想，就算只是想到艱難費力的情況，也讓你很不安。
- 當你預期某些事情可能很困難，會感到焦慮害怕。
- 你會以過往的遭遇、生活狀況，或者過去人們對待你的方式，抱持既定信念，並任其決定你認爲自己做得到的事。

克服這種恐懼的策略

如果你害怕逆境，可以利用下列幾種策略來克服這種恐懼。

重新建構

逆境絕對不有趣。疾病、悲劇、虐待、背叛、沮喪、經濟困難、失望、錯誤、艱辛，人生可能發生與確實發生的可怕事情多不勝數，大多數甚至是我們也不希望敵手遇到的事情。

你可能經歷極多的逆境，這讓你害怕會面臨更多逆境。即使如此，悲劇或困難的情況總會帶來一些好處。與其將困難視為停止的標誌，不如將其視為通向必須前往之處的墊腳石。

當然，犯錯或經歷悲劇與艱辛，不是有趣的事，但重要的是，別對必須克服逆境感到恐懼，阻礙了你往目標前進或嘗試新事物。

恐懼主要來自腦中持續上演的劇本，如果你想克服這種恐懼，就必須開始播放新訊息。如果你的內心深處認為自己的運氣很差，那麼你能告訴自己用什麼來改變那種看法？同樣地，如果你因爲自己遭受的待遇而感到憤怒或痛苦，或者如果你掙扎於生活不公平的感覺，那麼是時候開始重寫在你腦中播放的訊息了。

有時候，你對自己重複述說正面的自我肯定就夠了。有時候，這可能意味著找到更多正面訊息，例如那些在有聲書或播客裡的訊息，或是透過聖經、做禮拜或心靈顧問尋求心靈協助，甚至可能需要諮商師的外部協助。

採取行動

悲觀主義者原型的一個關鍵指標是，他們感覺自己不得不處理許多完全失控的不公平或棘手情況。儘管你未必能改變自己的處境（自己的遭遇或別人對待你的方式），但可以改變應對的方式。

正如愛找藉口者一樣，悲觀主義者需要建立一個內部控制力來源。儘管起初看起來很可怕，但當你意識到自己有能力說：「無論是誰傷害我或發生什麼可怕的事情，我仍有選擇。」這會讓人感到自由自在！當你重新掌控自己的反應，就不必擔心自己的遭遇、別人對待你的方式，或是會遇到的障礙，因爲這是你的人生，不是別人的人生。

建立當責制

當你因應悲劇、疾病或任何形式的逆境時，很難有遠見及看見整體大局。目前，你覺得情況對你不利，覺得人生不公平，自己的情況遠比其他人來得糟糕。不過，現實是，儘管每個人的艱困情況與逆境看起來有些不同，但都會碰到，沒人能豁免，即使別人的鬥爭是暗中發生。請明白自己並不孤單，請積極尋找可爲你提供外部觀點的朋友或當責夥伴。

根據你面臨的情況，你可能考慮加入支援小組。你可以找他們協助所有事情，包括悲傷、物質濫用、憂鬱症、債務減免等。支援小組可以幫你記住別人已經走過的路，甚至提供你尚未考慮的解決辦法。

拋開悲觀情緒

珍妮絲終於意識到自己逐漸深陷在痛苦憤怒的絕境中，決定尋求一些外部協助。她開始拜訪一位諮商師，對方幫助她以更多角度看待她過去認爲的不正常童年。

珍妮絲開始意識到，儘管她的父母確實不完美，但他們已經盡了最大的努力，並將很多事情做到正確。她開始同情他們當時感受的壓力，甚至和母親談心，這次談話解釋了她小時候不了解的情況。

被迫從大學輟學，也讓她痛苦不堪，但最後她感到震驚的是，自己終於承認不太喜歡大學，而成績開始下滑的眞正原因是她對於修讀的課程不感興趣。她還意識到自己確實很喜歡美學，無法想像做其他工作。

珍妮絲感覺如釋重負，因爲現在當她回顧大學的經驗時，很感激自己得了傳染性單核球增多症，這幫助她找到一條不同的路。

珍妮絲仍然對事業合夥人感到氣憤，但諮商師幫助她明白，痛苦正在吞噬她的內心，這對她沒有太大用處。她決定做出理性的抉擇，原諒他們並繼續前進。這並不容易，珍妮絲花了很多時間與大量禱告，那股怒氣才逐漸平息。

同時，珍妮絲致力爲旅館水療中心的顧客服務。她成爲團隊的頂尖美容師，可將收取的費用提高一倍，還成爲史上第一位擁有候補顧客名單的美容師，甚至獲得旅館經理頒發年度最佳員工獎。

這件事需要深刻的努力，但現在珍妮絲清楚了解，是她對逆境的恐懼讓自己退縮不前。她下定決心絕不允許無法控制的情況來決定自己可以做的事。

do it scared

需要更多訣竅來克服你對困境的恐懼，克服「自視為受害者」的感覺並重新掌控自己的命運嗎？請一定要讀第十章、第十二章、第十四章、第二十章。

恐懼原型總覽

拖延者

- **主要恐懼：**苦苦掙扎於害怕犯錯的心情，常見的表現是完美主義或害怕做出承諾。
- **負面特質：**喜歡將事情做到「正確」，花費太多時間做研究與計畫，很難開始動手，也常覺得情況一發不可收拾。
- **正面特質：**工作品質優良，條理清楚，非常注重細節。

循規蹈矩者

- **主要恐懼：**苦苦掙扎於對權威的強烈恐懼，其表現是非理性地厭惡違反規則或做任何可能被視爲「禁忌」的事。
- **負面特質：**對於不按照「應有」的方式做事感到緊張，可能會以自己的判斷爲代價，來遵守規則或現狀。

- **正面特質**：非常值得信賴與負責，具有強烈的責任感與是非觀。

討好者

- **主要恐懼**：最怕被別人評判，其表現是怕讓人失望，怕別人可能說的話。
- **負面特質**：很難拒絕別人，很難設定界線。可能會猶豫是否要採取行動，擔心別人的想法。
- **正面特質**：往往深受喜愛，相處起來很風趣。考慮周到、體貼、慷慨，是優秀的團隊成員。

被排擠者

- **主要恐懼**：最怕遭到拒絕，或者害怕信任別人，這種恐懼的表現是他們在可能被拒絕之前，先拒絕對方。
- **負面特質**：在外人眼中，被排擠者往往無所畏懼，不在乎別人的想法，有時很難成為團隊的一分子，並且可能做出冒險或自我毀滅的行為。

● **正面特質**：奮發努力，積極上進以獲得成功，樂於冒險，不易因失敗而灰心喪志。

自我懷疑者

● **主要恐懼**：大多數會怕自己缺乏能力，常見表現是深深的不安全感，害怕自己不夠優秀。

● **負面特質**：因不安全感而無法動彈，因此受困；常常批評他人以掩飾不安全感。

● **正面特質**：非常努力，總是願意付出更多的努力。心地善良、有同理心、謙虛、善於傾聽。

愛找藉口者

● **主要恐懼**：最怕承擔責任，其表現可能是怕被追究責任或受到譴責。

● **負面特質**：往往是找藉口而不是求進步。猶豫是否領導或負責，偏好讓別人做決定。

● **正面特質**：可以成爲優秀的團隊成員與出色的啦啦隊長；可以成爲敏銳的觀察者，懂得吸收別人的成功經驗與犯錯的教訓。

悲觀主義者

● **主要恐懼**：苦苦掙扎於對於逆境的恐懼，其表現可能是害怕經歷艱辛或是面對痛苦。

● **負面特質**：感覺無能爲力，無法改變自己的處境。往往將艱困的事視爲停止標誌，而不是墊腳石。

● **正面特質**：善解人意，待人寬厚；關心別人，富有同情心，善於傾聽。

Part 2

勇氣原則

the principles of courage

一旦你確定了自己的恐懼在人生裡獨特的表現方式，就該開始擺脫恐懼了。這個過程從你改變心態，並且放下對於自己與別人的狹隘信念而展開。

採用一套新的原則（勇氣原則），可以幫助你達成這個轉變。這些原則旨在幫助你重新建構觀念，並提供一系列新的核心信念，你就有能力面對恐懼，克服障礙，創造熱愛的生活。

Chapter 8

勇於懷抱宏大夢想

延伸目標是維持動力的祕訣

一個好目標就像一種費力的運動，它會拓展你的潛能。

——瑪莉・凱・艾許（Mary Kay Ash）

九年前，我一時興起，創立了後來成爲露絲蘇庫普全媒體公司（Ruth Soukup Omnimedia）的組織。當然，那時候還不是公司，差遠了！首先，我那時完全不知道自己在做什麼，不知道創辦網路公司（虛擬公司）是可行的事，當然也不是要創立一家網路公司。

當時，我是育有兩個幼兒的全職媽媽，正在找點事做。老實說，當時我快瘋了，大多數日子裡，我唯一想到能做的事就是出門去塔吉特（Target）量販店，所以我們去了很多次，花了很多錢，遠遠超過該花的金額。結果，我和丈夫開始爲錢吵架。我很需要做一些購物以外的事，想著爲何不開始寫些關於過著好生活、少花點錢的文章呢？我認爲至少開部落格可以讓我有事做，也可以讓我負起責任。不過，當我在網路上分享想法的幾個星期後，很快就意識到那裡存在著一個我從不知道的世界，一個充滿企業家、拚命三郎、網路企業家的世界。我發現有些人其實在家裡工作賺錢，甚至包括全職媽媽，所以我也決定這樣做。

就在那時，我訂定了一個嚇人又超級瘋狂的宏大目標，那就是透過剛起步的網路事業（我創辦的這個小部落格）賺到足夠的錢，讓丈夫可以辭掉工作。

當時，這似乎是不可能實現的目標。首先，我丈夫是航空工程師，薪水很高。

他可不是在當地的五金店之類的地方打零工，我得補上的是一筆可觀的收入。其次，我設定目標時，這個事業沒賺進任何錢，當時大約有四名讀者，其中一人是我。

這不僅是一個宏大目標，還是一個瘋狂目標，一個「這位女士瘋了」的目標。這正是我把計畫告訴丈夫時，他對我說的話，事實上，我認為他確切的話是：「親愛的，那是妳說過最愚蠢的話，妳不可能靠部落格賺錢。」他不是有意刻薄或潑冷水，那個目標確實看起來像是愚蠢瘋狂、完全超出合理性的想法。

但你知道嗎？

我不在乎。

重要的是，我這輩子也設定過其他目標，甚至是我認為非常大的目標：進入排名前二十名的法學院。不過，這是我第一次設定如此宏大的目標，乃至於不知道如何實現。不過，我很努力想出辦法。

我覺得丈夫認為我瘋了，朋友不能理解，或者他們在背後取笑我都沒關係，我必須比以往更努力。

一旦我為這個宏大目標全力以赴，就是已做好準備並願意做任何事情。

對，我害怕，事實上是嚇壞了。對，我完全不知道自己在做什麼，只知道如果能繼續嘗試，終究會弄懂。一定有個辦法，即使我完全不知道這個方法是什麼。

我們需要延伸目標的原因

我最近一次出差時，花了一些時間在旅館健身房的跑步機上跑步。我跑完後，穿著運動服去吃免費的自助式早餐。我想乖一點，所以拿了一些水煮蛋、新鮮草莓、希臘優格和核桃。

排在後面的那個男人忍不住對我盤裡的食物發表評論：「哇，看起來眞的很健康呢。」

這顯然不是讚美，但我只是笑著回答：「花一個小時運動，然後吃鬆餅，這沒意義！」

他有些嘲諷地回答：「我會吃鬆餅。」

我們繼續聊天，我解釋自己設定了目標，要在四十歲生日之前保持最健康的狀態。我只剩下七個星期，所以必須克制。

他回答：「我覺得有目標很好，只要目標很實際。我認爲妳不會想設定太大的目標。」

那一刻，我用盡意志力才沒對他尖叫：「你不知道自己大錯特錯！」

我沒尖叫，因爲那不是與陌生人激烈辯論的時機或地方。不過，事實是我非常不同意那個說法！

我們的人生需要宏大目標！

我們需要能激勵自己、讓自己憂慮或緊張的目標。宏大的目標讓我們感到有些害怕，但也鼓舞我們，讓我們更興奮地一早跳出被窩。宏大的目標爲我們提供人生藍圖，也提供了羅盤，告訴我們正朝著正確方向前進。

宏大的目標能點燃我們內心深處的火花！

你是否曾注意在一年伊始，我們會樂觀看待這一年？這是嶄新的開始，是一張白紙，因此我們訂了各種新年新希望，這是我們想完成的事情的完整表單。

然而，到了二月中旬，我們在年初重新感受到的精力逐漸消失。生活很礙事，所有日常責任的現實開始讓我們感到焦慮，對一切沒有熱情，也失去了重點。我們這一天做這件事，另一天又做別件事，在任何領域都從未眞正獲得足夠的吸引力，無法感覺到自己完成了某件事。

爲什麼？

我認爲這是因爲需要宏大目標，才能眞正做大事。

因此，勇氣原則第一條是：**勇於懷抱宏大夢想**

過去幾年間，關於克服恐懼與設定改變人生的有效目標，我學到最重要的事就是：設定看起來應該可以實現的一連串小目標，會對達到重大成就產生適得其反的效果。

你聽過SMART目標設定法嗎？我猜你聽過，因爲這是設定目標的主要常識，基本上，它的概念是你的目標應該具體（Specific）、可衡量（Measurable）、可實現（Attainable）、與目標相關（Relevant）、有時間限制（Time Bound）。因此，你應該確切知道想做的事，你的目標應該能以某種方式量化，它應該是你可以實際完成的事，應該對你有意義，而且應該有個截止日期。

儘管這個SMART目標法似乎很實用，而且從某些方面來說行得通，但它忽略了設定目標最重要的部分，而這個部分眞的能讓你**變得主動積極並維持下去**。

這個最重要的部分，就是勇於懷抱宏大夢想，並設定延伸目標：促使我們跨過舒適圈的一個目標，或是我們不完全相信可以達成的一個目標，或是自己可能做不到的目標。這是勇於相信自己能做到更多事，督促自己超越目前的極限以創造精采，設定讓自己感到害怕的宏大目標，也就是會讓我們憂慮或緊張的目標。

這些目標將激勵我們。

當我們設定讓人感到安全的可實現目標，就會陷入對自身能力先入爲主的觀念。我們沒有踏出舒適圈，只是將就現狀，內心並未受到激勵。它讓人感到舒服自在，也是我們知道的事，我們不必比以往更努力挑戰、改變或工作，所以就沒那麼做。事實上，有時我們比較不努力工作，做到最低限度。我們感到無聊，失去重點。

不過，當我們設定並致力實踐一個讓自己感到有些驚嚇的宏大目標，迫使自己離開舒適圈，探索未知的話，這很可怕嗎？可怕！然而，這也非常振奮與激勵人心，最能讓我們更努力工作或撐得更久。

事實上，我們感到的緊張與憂慮就是「恐懼」，但這是很棒的恐懼，當我們得做一些自認做不到的事情，這種恐懼就會發揮效果。

如果你對目標沒有那種感覺？那我敢說你的目標還不夠宏大！我會激勵你開始立下更大的目標，並督促自己更努力一點。

消除自我批評

當然，我們考慮更宏大的目標時，必須採取的第一個步驟，是允許自己開始想像所有可能做到的事。你得讓自己自由地懷抱宏大夢想，不自我設限或自我批評。對大多數人而言，這是最困難的地方。

我們往往嚴厲批判自己，很怕去夢想各種可能做到的事。我們對自己說，夢想很愚蠢……甚至在我們還沒有機會懷抱夢想之前就這麼做。

或許是生活的現實絆住了我們，此時此刻我們所處的位置，伴隨著所有的責任、侷限、挫折、障礙，導致我們無法允許自己想像情況可能有所不同，即使只有幾分鐘也做不到。我們心裡認爲當前的現實是唯一的現實。

但事情不是這樣！世界充滿無限可能，無數大門等著你打開探索。無論你處在人生的何種階段，你的能力唯一的限制，就是你願不願意懷抱更大的夢想，然後低頭努力工作。

因此，請允許自己懷抱宏大夢想，而不是自我設限或自我批評，另外，你要問自己一些發人深省的重要問題：

- 我一直想做什麼？
- 我對哪些一直不敢追求的目標感興趣或充滿熱情？
- 如果沒有阻礙，我會怎麼做？
- 有什麼激勵著我們，會讓我們興奮得一早跳出被窩？
- 在生活成爲障礙之前，我夢想著做什麼？
- 五年或十年後，我想過什麼樣的生活？
- 我最終夢想的生活是什麼？它是什麼樣子？

請有意識地主動做選擇，關閉腦中那些立即告訴你「不可能」、「那樣很蠢」或「你算哪根蔥，竟敢想像這種事？」的聲音，即使只關閉幾分鐘也好。關閉那些聲音，設定夢想，不要退縮，別擔心可能或不可能的事情，別擔心如何達成目標，別自我設限。請允許自己想像一下最瘋狂的可能情況，就算它們非常瘋狂且不切實際。

請允許自己懷抱宏大夢想。

心中有想要的

儘管從理論上來說，這可能聽起來很簡單，但我知道實際上，對於很多人而言（尤其是爲人母親者！），訂定宏大目標確實非常困難。我跟很多朋友聊過，他們都說自己花了很多時間照顧身邊的人，導致自己在過程中迷失了，甚至根本不知道自己想要什麼或應該想要什麼。

事實上，就在幾個月前，一位朋友表示自己感到憂鬱，因爲覺得自己沒有目標。過去的十四年，她全心當個稱職的母親，但孩子愈來愈大，愈來愈獨立，她不知道該做些什麼事，甚至除了「母親」的身分之外，她不知道自己是誰。她說：「我想做重要的事情、我關心的事。我看到其他女人都在做這些很酷的事，但我就是不知道自己應該做什麼。」

另一位朋友言簡意賅地告訴我：「我只是希望能有想要的東西。」

後來我才意識到，光是發表這樣的聲明，就是宏大的目標！事實上，這是極大的目標，也許是最大的目標。勇於找出個人目標，並非膽小者做得到的事。

如果你發現自己在說類似的話，可能代表「弄清楚自己是誰」與「自己想要什麼」是你現在需要努力的宏大目標。這可能意味著爲自己花點時間，規畫個人的靜思時間，或離開一、兩天來思考，也許是寫日記或閱讀幾個感興趣主題的相關書籍，或是上課、參加講座、找諮商師，甚至聘請人生教練。

首先你得將「找到想要的」視爲宏大目標（也許是你這輩子最大的目標），並致力去做。

行動是恐懼的解藥

一旦你確定了宏大的目標，就得採取另一個關鍵步驟：你必須採取行動並執行。沒有行動，空有目標也無用。無論你的宏大目標一開始看起來多麼可怕或不可行，我保證「採取行動」（無論多小的行動）都是最快克服猶豫的方法。請記住，行動是恐懼的解藥。

採取行動意味著你得重新安排日程表，每天都將宏大目標放在第一位，然後開始盡一切努力實現它。這可能意味著每天更早起床、拒絕阻礙你實現目標的其他次要機會與令人分心的事物，以及拒絕你當下想做的事。

這可能意味著上課或回學校讀書，尋找另一份工作或承擔其他風險，或是花錢投資物品、參加培訓或旅行。這絕對意味著每個星期（甚至每天）都抽出時間，讓自己離終點線更近一步。

當然，在道路崎嶇不平或有障礙物擋路時，你也要深入探究以繼續前進，而在人們不理解的時候，不去在意他人的想法。一旦你完全致力於實現自己的宏大目標，這些事情就不會讓人覺得是負擔或過分的要求。你會心甘情願去做，這條路並非總是容易，但很值得。

我開始發展業務時，將宏大目標擺在首位意味著每天凌晨三點起床，眞的是每一天，就連週末也一樣。這樣我就能找到時間投入這家剛起步的新創公司，並且兼顧「媽媽」的角色。同時，我也要學習創立網路事業的一切事情，並不斷嘗試新事物，看看哪個方法可行，通常十之八九會失敗。這也意味著跨出舒適圈，參加會議，尋找新機會，甚至製作關於優惠券購物冒險的YouTube愚蠢影片，還有犧牲很多空閒時間、娛樂時間、與朋友相處的時間。

我認爲，即使當下不有趣或不舒適，但總是值得的。最後，這些犧牲以我想不到的方式帶來好結果。二〇一三年，我一時興起創業的兩年半後，丈夫可以辭職了，那個原本不可能實現的瘋狂目標變成現實，也爲更宏大瘋狂的目標奠定基礎。

然而，即使這個情況沒發生，我認爲自己不會爲過去或至今仍在做的一切犧牲感到遺憾，一秒都不會，而是會爲了自己曾經嘗試而眞心感到自豪。事實上，迄今爲止，這一路上的快樂主要來自於奮鬥、必須解決的挑戰和克服的障礙。

因爲那些宏大的目標（就算我們沒完全實現它們）才讓人生有意義！這些目標激發我們的熱情，讓我們早上興奮地跳出被窩！即使是在沉悶、艱難或痛苦的時刻，它們都讓我們繼續前進。

那些宏大的目標，那些必須延伸、推動、爭取的目標，讓我們能創造自己熱愛的生活，而不是將就的生活。

所以就這麼做吧，請勇於懷抱宏大夢想。

因爲延伸目標是獲得動力與維持動力的祕訣。

Chapter 9 傻瓜才會遵守規則

你永遠不該害怕為自己打算

你成長的過程中，別人往往會對你說，世界就是這樣，你就是在這樣的世界生活。盡量別衝撞體制，試著過美好的家庭生活，找點樂子，存點錢，那是深受侷限的人生。一旦你發現一個簡單的道理：身邊的人不比你聰明，那麼你的人生將變得更開闊。你可以改變它，可以影響它……一旦了解到這一點，你將從此不同。

——史蒂芬・賈伯斯（Steve Jobs）

傻瓜才會遵守規則。

這聽起來很叛逆，不是嗎？

有趣的是，我這個口頭禪起初是個玩笑：我和丈夫正在討論一則新聞，我不記得細節了，但這個新聞講的是一個人違反了所有規則，不僅沒事，實際上還賺了錢，他們因爲打破規則而贏了。

我說：「哦，親愛的，你不知道傻瓜才會遵守規則嗎？」

我們都笑了，然後繼續討論下一個話題，但不久之後，它又出現了。另一則新聞再度報導另一個人打破規則並賺了錢。跳脫框架思考是成功的關鍵，而這就是另一個例子。

我發現自己一再說著：「傻瓜才會遵守規則。」

最後，我開始欣然接受它。事實上，我認爲自己已經知道這件事有一段時間了。

我二十多歲時，罹患了讓人精神衰弱的重度憂鬱症。我數度嘗試自殺，而最糟糕的一次讓我陷入昏迷，靠著維生系統，醒來的機率不到一成。我簡直一團糟。

這段期間，我進出精神病醫院兩年多，失去了所有希望與意義。

不過，我在那段時間也失去了遵守規則做事的意義等一切概念。

大多數情況下，我們都遵守一套既定準則運作：我們以某種方式說話，以某種方式穿衣服，遵守規定，自我設限，自我規範。我們不敢惹麻煩，關注別人做的事，並努力守規矩。簡而言之，無論我們是否意識到了，大多數人都是循規蹈矩者。

不過，當我首次意識到自己在精神病醫院裡，神智仍清醒的那一部分知道自己已經失控，規則不再適用。事實上，醫院裡的病人會穿著浴袍走來走去，躲在角落搖晃身體，公開說髒話，生悶氣與哭泣，有時甚至只是爲了好玩而亂扔椅子。瘋狂的人不符合既定規範，一旦我加入這塊瘋狂之地，就不必擔心別人在做什麼。

這以一種可怕的方式讓人感到異常的自由。

儘管我的憂鬱症已經痊癒很久，而且我重新進入「正常」人的世界已超過十五年，但我終生銘記這個教訓。

傻瓜才會遵守規則，這是第二條勇氣原則。

事實上，我甚至將這個原則教給孩子，很多人認爲我瘋了。他們問：「如果適得其反，他們不再聽妳的話，那要怎麼辦？」

老實說，我等著校長打電話給我的那一天，因爲我的孩子（我很確定會是小女兒）會決定在錯誤的時間分享這個生活小哲學。因此，請允許我澄清一下。

我眞正教孩子的，並不是所有規則都很愚蠢。我告訴他們，世上有許多很棒的規則、我們應該遵循的重要規則。不過，世上還有很多愚蠢的規則、毫無意義的規則、別人爲了讓自己看起來很重要而編造的規則、因爲事情總是那樣做而形成的規則，或者當時有意義而如今不再有意義的規則。

我希望孩子培養一種健全的懷疑態度，願意質疑權威與現狀，我永遠不希望因爲有人跟他們說這是規則，他們就盲從。

我希望他們知道，可以走自己的路。

擁抱常識

到現在爲止，你可能已經注意到一個簡單的事實：有人說某件事正確，或是它出現在網路上，或是「每個人」都在說某件事正確，並不表示這件事確實正確。

這時，良好的經典常識與批判思考技巧非常重要。下次，當你聽到「每個人」都在談論某件事或被某件事嚇壞，請好好問自己：「這眞的說得通嗎？這是人們製造的危機或緊急情況嗎？會不會有不同的看法？」

我不認識你，但我覺得網路與社群媒體的興起，跟人們失去常識有直接關係。在生活中的許多不同領域，這種「天塌下來」的心態與一切相關。我懷第一個女兒時，加入了網路論壇BabyFit，成千上萬的準媽媽（大多數是新手媽媽）在這裡討論懷孕及分娩的事情，通常沒完沒了地重複。

我在二〇〇六年八月登入那個聊天室時，感覺就像找到自己的族人。第一次懷孕讓人感到非常古怪，我感到迷茫孤單，拚命想知道自己經歷的一切都很正常且「沒問題」，身爲新手媽媽的我也想確定自己做對每一件事。

我每天大約上線四十次，與所有的新朋友聊天，討論懷孕的一切事情，提出問題，閱讀與回答別人發表的所有問題。

哦，眞的很灑狗血！每天至少會有一個新危機嚇壞了我，像是胎兒是否動得不夠，我是否運動不足，讓狗兒睡在床上是否會傷害胎兒，我應該服用哪一牌的孕期維他命，或者腳踝是否太腫脹。

等到隔年八月來臨，情況變得更糟了，大家都開始陸續分娩。首先是大家分享分娩計畫、分娩的誇張事件、極度詳細的分娩故事，然後立刻有一百萬個關於新生兒的恐懼，嬰兒與爸媽同睡、餵母乳、依戀教養、我們可能對孩子造成永久傷害的所有方式的相關辯論愈來愈多，而且往往很激烈。

我接受所有得到的建議，把它們當成福音眞理。畢竟，如果每個人都這麼說，那我聽到的這些事情一定是正確的，對吧？

對於我荷爾蒙作祟的孕期與新手媽媽的反常行為，我的丈夫查克（Chuck）一直非常有耐心，直到有一天，他再也受不了。

他問：「為什麼妳總是浪費時間在網路上聽這些陌生女人講的？妳不知道她們對自己做的事並沒有比妳多嗎？早在BabyFit出現之前，人類生育孩子已經有幾千年的歷史，我們一定會想出辦法！」

儘管我當時無法承認，至少無法對他承認，但我很快就意識到他說得對。當個新手媽媽讓我感到煩躁不安，我對自己的能力感到非常緊張，也沒有把握，導致我拋開了所有常識與直覺。我覺得責任重大，也很害怕，因此願意相信別人能回答我原本應該可以自行解決的問題。

吵架後不久，我放棄了那個網路聊天室，並下定決心開始相信直覺與常識。你知道嗎？我的女兒梅姬（Meggie）現在十二歲，一切都很好。我一路做的決定都正確嗎？絕對不是。身爲媽媽的我做過許多愚蠢的舉動，我敢說自己未來也會經常搞砸事情，但我學會相信直覺並開始運用常識，這絕對是正確的舉動。告訴你，我的壓力也大大減輕了！

儘管這可能是極端的例子，但我發現無論是在工作場合、教堂裡，甚至新聞裡，同樣的情況一直在生活中上演。人們喜愛趕流行，很容易陷入流行觀點，忘了一向重要的是停下來自問，「每個人」的說法是否眞的正確。

質疑權威

正如我們需要勇於相信直覺，並在同儕間互動與面對團體迷思時運用常識一樣，我們也需要質疑那些來自當權者的規則。

我們有時很難做到這一點，尤其是一輩子都被告知不要質疑。別人告訴我們要尊重權威，循規蹈矩，以免惹上麻煩。

不過，權威來自各個地方：政府有權威，我們必須遵守規則，當個守法公民；

職場有權威，我們工作時必須遵循規則；上帝有權威，遵循規則是我們信仰的一個環節。此外，還有來自父母、人生教練、心靈導師或其他領導者的權威，大多數權威都合法，並非錯誤或糟糕。事實上，如果沒有一些可容忍行爲的規則與既定規範，情況將徹底混亂，而我們都不想活在看起來像《陰屍路》（*The Walking Dead*）的世界。

然而，並非所有權威都很好，很少人會停下來思考其中差異。很多時候，我們毫不懷疑地接受生活裡權威人物宣布的規則，我們可能不喜歡它們，但不會質疑。

遵守規則是預設的選擇，這是我們的自然求生本能。質疑老闆或忽視他們的規則，會導致我們遭到降職或解僱，因此我們遵守規則。犯法會導致我們被逮捕，因此我們遠離麻煩。

不過，如果權威錯了，怎麼辦？如果規則有違我們較好的判斷，或甚至違背我們的良心，那要怎麼辦？我們敢質疑權威嗎？

一九六〇年代，耶魯大學做了一項著名的實驗來測試這一點。研究者史丹利·米蘭格倫（Stanley Milgram）想研究受試者服從權威人物的意願，而這個權威人物會要求他們做些有違良心的事情。

實驗時，受試者被告知他們正在協助進行記憶實驗，負責的工作是當參與實驗者的答案不正確時予以電擊，電壓一次比一次強。事實上，參與實驗者是演員，也沒有眞的電擊。隨著電擊加劇，這位演員會叫得愈來愈大聲，直到最高電壓才安靜下來，好像已經昏迷了。

如果受試者表示不願意繼續執行電擊，主持人會對他們說「請繼續」與「實驗需要你繼續進行」。米蘭格倫的研究發現讓人非常震驚：六成五的受試者會繼續執行電擊，即使他們不想這樣做，顯然也做得很不安。①

後來，研究者以許多不同的方式重複做這項研究，結果都一致。通常來說，如果權威者指示這麼做，三分之二的受試者會違背良心或更好的判斷力而繼續照做。

很可怕，對吧？如果你發現本實驗的靈感來自納粹大屠殺，就讓人更害怕了。米蘭格倫不明白爲什麼納粹德國的許多人願意參與殘暴的行徑，但他們就是做了。

權威並不全然是壞事，但絕不該盲目接受或僅憑表面就信以爲眞。最終，我們的責任是確定自己至少願意主動質疑，即使這樣做讓你感到不安。

勇於與眾不同

說實話，你多常跳出框架思考？某件事總是以某種方式完成，並不代表它必須以那種方式完成。社會上，幾乎每項偉大發明與科技進步，都是因爲有人勇於與眾不同或以全新的方式做事。

不過，與眾不同是很難的事，我們都不想被視爲怪咖，也不希望自己受到批評或嘲笑。但是，爲什麼不與眾不同呢？當我們考慮這件事，眞的會損失什麼嗎？爲什麼不挑戰極限，看看我們能走多遠？爲什麼不嘗試一些新事物？最糟糕的情況到底會是什麼樣子？

我創業後不久，受邀加入當時看起來聲望頗高的網路公司企業主協會，這是一家大公司贊助的組織。

當時我剛加入網路商業世界，以爲自己成功了，尤其是這家公司決定推出一項全新計畫，並親自打電話邀請我加入試用版，這有點像是這個菁英團體中的超級菁英團體。據我了解，如果我參加這項新計畫，他們將會瘋狂推銷我與我的業務，我將賺很多錢。這讓我非常興奮。

不過，這件事有個障礙。

這個團體裡有四名女士組成的小圈子，她們有很大的權力，事業享有盛譽，遠近馳名。如果是在中學，那些女士就會是學校裡深受歡迎的女孩，是其他女孩都想成爲的那種女孩。

不幸的是，從我們見面的那一刻開始（那眞是一次痛苦尷尬的壽司晚餐），這四位女士就是不喜歡我。我不知道原因，也許她們認爲我不應該去那裡。與她們的生意比起來，我剛起步的生意簡直微不足道。或許她們覺得我太高了，也許她們就是刻薄，也許是因爲我從來不是「圈內人」。這些年來，我仍然不知道原因。

不過，她們很強大，或者至少當時看來如此，這個四人小團體說服公司僱用她們當顧問，執行這項新計畫。

她們做的第一件事就是取消邀請我，而我非常傷心。

我覺得人生完蛋了。這似乎是我獲得成功的大好機會，但它就這樣消失了。

不過，丈夫再度幫助我醒悟過來。

他說：「爲什麼妳要在乎那些刻薄女人對妳的看法？誰在乎別人在做什麼？妳

做自己的事會更好，就做自己吧。」

他再度說對了。

因此，我接受他的建議，退出那個團體，不再試著模仿相同領域中其他人的作法。我開始完全做自己的事。結果，我的生意迅速成長。

此外，與我交談過的那些計畫參與者，都很討厭這項我被取消邀請的計畫。事實上，對於許多人來說，這項計畫成爲讓人長年分心的事，並沒有像承諾那樣讓他們的業務成長，爲他們賺進的錢很少。我的事業成功時，他們停滯不前，其中許多人甚至完全放棄了。

那原本可能是我的遭遇。幸好，我在那一刻意識到可以做自己的事，而且做自己的事好多了。

因爲傻瓜才會遵守規則。

當世界上其他人受到情緒與恐懼所牽使時，要與衆不同、運用才智、擁抱常識並非容易。當其他人都叫你待在原地，你需要眞正的勇氣去質疑權威與跳出框架。不過，他們的規則未必得是你的規則，我的規則也未必得是你的規則！

因此，請勇於創造自己的路，因爲你永遠不該害怕爲自己打算。

Chapter 10
永遠負責任
你完全掌控自己做的選擇

從長遠來看，我們塑造自己的生活，塑造自己，這個過程永遠不會結束，直至我們死亡，而我們做的選擇最終是個人的責任。

——《生活教會我》（*You Learn by Living*），艾莉諾・羅斯福（Eleanor Roosevelt）

二〇一四年十月，艾莉森．托珀溫（Allison Toepperwein）勇於擺脫一段互相折磨的婚姻，並以單身媽媽的身分重新開始。那個過程充滿痛苦又艱困，她眞的無法想像這一年能變得更糟。

但她錯了。

短短幾個月後，年僅三十四歲的她被診斷出罹患早發性帕金森氏症，這種可怕的疾病目前是不治之症。當時，艾莉森獨自撫養年幼的女兒，而她突然面對一個很可能發生的情況，那就是照顧女兒的時間不長了。

這讓她傷心欲絕。

那天晚上是二〇一四年的新年前夕，她哭著入睡，想知道如何繼續走下去。不過，艾莉森隔天醒來時，陽光透過窗戶照了進來，這是全新的一年。就在那一刻，她下定決心，無論診斷結果多讓人震驚或預後結果可能非常糟糕，她將盡全力去拚。

她預約了國內一名頂尖神經科醫師的門診，這位醫師在過去二十年專門研究帕金森氏症。他告訴她，這是不治之症，事實證明唯一可以減緩病情惡化的方法就是運動。

因此，艾莉森開始運動，即使她幾乎沒有精力。一開始，她在當地中學校園跑道旁的露天看台台階上走來走去，慢慢地增強力量，每次都再多運動一些。讓人驚訝的是，運動讓她更精力充沛，而她繼續督促自己做愈來愈多的運動。

最終，她的健康狀態很好，甚至受邀參加《美國忍者戰士》（*American Ninja Warrior*，譯注：是美國闖關型真人秀節目），是史上第一位參加的帕金森氏症患者，而她在這個過程中激勵了成千上萬名與相同疾病奮戰的病患。

這個故事讓人驚歎，它在許多方面都鼓舞人心，但主要是因爲艾莉森是很棒的榜樣，她拒絕讓自身的情況決定命運。她意識到儘管自己無法控制一切，但可以控制前進的方式及遇到障礙的回應方式。她拒絕視自己爲厄運的無助受害者，而是決定全力以赴，努力打手中的牌。

艾莉森．托珀溫對自己的人生負起全責，這是我們都可以學到的教訓。事實上，這是第三條勇氣原則：**永遠負責任**。換句話說：停止打「受害者」牌。

放下「受害者」牌

我們不想將自己視爲受害者，畢竟這是很強烈的字眼，帶有很多負面含義：受害者很軟弱、愛抱怨，擺脫不了受害者的角色。

然而，我們常常不自覺地打「受害者」牌。我們無法成功的原因、無法追求目標與夢想的原因、無法完成眞正想做的事情的原因，我們爲這些事找合理解釋時信手拈來，這是我們內心想法的一部分，在還沒意識到之前就說了出來，甚至沒察覺到自己在找藉口。

我的團隊詢問調查對象：「你覺得是什麼阻礙你實現夢想或達成目標？」這是本書調查的其中一部分。

下列是最常見的一些回應範例：

- 「我會因沒花時間與家人相處而感到內疚。」
- 「其他重要的義務太多。」
- 「金錢與機會。時機必須正確。」

- 「我們的家庭為財務安全而掙扎。」
- 「我必須有個全職工作以獲得健保。」
- 「其他家庭成員、朋友、社會、工作。」
- 「缺乏資金與時間。」
- 「我的丈夫設下障礙。」
- 「由於殘疾而缺乏精力。」
- 「缺乏時間，需要更多教育。」
- 「家裡難吃的食物太多，沒有足夠的運動時間。」
- 「我目前的家庭狀況，缺乏金錢與睡眠。」
- 「新的健康問題與反覆出現的健康問題。」
- 「我的丈夫在六個月前去世了。他應該是我的目標與夢想的一環。我很憂鬱，而且有健康問題。」
- 「自卑、沒有支持我的配偶、太多帳單。」

超過一成的受試者提到，金錢或財務問題是讓他們退縮不前的最大因素。一成的受試者責怪家人或配偶，一成的受試者指責時間不足，另外有五%的人提到健康問題、體重過重或普遍缺乏精力。

表面上看來，多數理由都很合理，畢竟誰能責怪正在面對健康問題的人或身心障礙人士沒有追求目標？面臨嚴重財務困難的人怎麼能想到不太可能實現的理想？面臨重大家庭問題的人怎麼能懷抱遠大的夢想？

那些是真正的問題、實際的困難、名符其實的障礙。

不過，好藉口仍只是藉口。

只要你尋找不做的理由，一定找得到。每個人都有無限的藉口。對，有些人拿到爛牌。對，有時人生不公平。不過，抱怨不會改變任何事情，而且我保證很多人甚至面臨更糟糕的情況。

另一方面，你可以看到這個世界充滿了鼓舞人心的人們，他們打敗困難，克服極端的逆境，達到讓人驚奇的成就。

歐普拉．溫芙蕾（Oprah Winfrey）出生於密西西比州的農村，她的母親是貧窮的單親媽媽。歐普拉在小時候受到虐待，而且媽媽疏於照顧她。她在十四歲時生了孩子，但兒子出生後不久就死了。她克服種種困難，獲得大學的全額獎學金，但第一份工作的老闆開除她，說她永遠無法成爲記者。

J. K. 羅琳（J. K. Rowling）撰寫《哈利波特：神祕的魔法石》（*Harry Potter and the Philosopher's Stone*）的初稿時，是幾近破產的單親媽媽。她勉強維持生計，同時努力讓這個偉大的想法成爲現實。她寫完後，這本書被出版商拒絕了十二次，直到有一家出版社決定給它機會，讓這本書成爲史上最暢銷的童書。

貝瑟尼·漢密爾頓（Bethany Hamilton）是迅速崛起的衝浪明星，但一件難以想像的事情發生了：她遭到鯊魚攻擊，失去了一隻手臂，還差點喪命。雖然大多數青少年面臨這麼嚴重的傷害後都會放棄，但貝瑟尼沒有，她重新學習衝浪，最終贏得多個職業冠軍。

克莉絲·卡爾（Kris Carr）是年輕美麗且事業成功的行銷主管，過著人們夢寐以求的生活，卻被診斷出罹患無藥可醫的癌症第四期，等於被宣判死刑，她並未默默接受診斷結果，而是尋求第二種、第三種、第四種意見，然後決定徹底改變生活方式，採取純素飲食並尋求整體療法。十五年後，她覺得如今比以往更健康。

這些鼓舞人心的人們，共同之處是拒絕讓自身的情況決定自己的命運。他們意識到，儘管自己無法控制一切，但可以控制前進的方式及遇到障礙的回應方式。

他們的所作所爲並非奇蹟，他們沒有任何超能力，只是決定停止扮演受害者的普通人。

停止等待獲救

在我們的文化中，英雄因其大膽的營救行爲與戲劇般的救援行動而被視爲偶像。事實上，「英雄」在我們的思想中根深柢固，很難想像有個故事沒有英雄。的確，英雄是每個童話故事的關鍵：落難少女有前來相助的英俊王子，灰姑娘有神仙教母，就連阿拉丁也有給他三個願望的精靈。

每個偉大故事都需要一位英雄，對吧？

雖然這是童話故事的元素，但我們對英雄的需求與獲得拯救的渴望，也滲透到日常生活。你是否曾發現自己希望受到關注，或者更棒的是，奇蹟般地脫離現況並碰到更好的情況？

也許你希望老闆能認可你的努力，並讓你獲得一直期盼的升遷；或是你希望父母或朋友會提供指引或協助，讓你擺脫困境，或者希望在過程中獲得協助；或許你暗中希望自己尚未與世界分享的才華會被發現；或許你希望治療師、牧師、人生教練或其他人爲你指引方向。

如果我們可以找到某個人來拯救自己，這不是很棒嗎？

不過，這是等待獲救的問題：人生不是這麼回事！大多數時候，我們身邊的人太忙著追趕忙碌混亂又讓人沮喪的生活，根本不會想著拯救你脫離現在的生活。最終，這讓「等待獲救」成爲另一個藉口！這就像扮演受害者一樣，我們告訴自己「做不到某件事是因爲沒人能幫助我們」，這只是一個更大的謊言。

你不需要英雄，你**不是**落難少女！

等待獲救不會讓你有任何好處。你想升遷？請做好應做的工作，然後要求升遷。你覺得受困嗎?請開始以不同的方式做某件事，並採取必要的步驟來脫困。你有想發展的才華嗎?那就好好發展，製作試聽帶、寫書、找個經紀人，付諸行動。請記住，行動是恐懼的解藥，唯一阻止你的人就是你自己。

因為你猜怎麼著?你將成為自身故事的英雄!

拿回掌控權

「這不是我的錯!」

如果每次孩子說這句話，我就能得到一美元，那我會是很富有的媽媽!因為每天至少一次，通常更多次，我們需要討論關於承擔責任、意識到行動後果，並且認知到儘管無法控制發生在自身的事或別人的行為，但可以控制自己回應的方式。

身為母親的我，有時覺得自己念個不停，很想知道他們是否眞的理解，如果你有孩子，可能深有同感。不過，對所有人來說，實際情況是，要為生命中發生的一切負起全責，是很困難的一課。

在事情出錯或未能達到目標及期望時，會想怪罪別人或周遭情況，是人類的天性。我們的第一個傾向是抱怨自身受到的待遇或面臨的不利情況，包括不公平的待遇、悲慘的環境、缺乏資金，並找了一個個藉口、理由和合理解釋。

指責外部環境比承認自身缺點容易多了，而且當事情變得困難，尤其是我們獲得完全合理的藉口而得以不繼續前進時，放棄當然比較容易。誰能責怪我們想認輸？

不過，若你能對於「如何對自身的遭遇做出反應」一事承擔責任，才是勇氣之舉：這終結了藉口，拒絕將自身處境歸咎於傷害你的人、發生在自身的可怕遭遇、生命中的死亡、疾病、悲劇、被迫聲請破產、失業或永久殘廢。

我們每天都選擇爲自己的決定負責任，而不是歸咎於任何人或任何事，這麼做就承認了一個簡單的道理：無論遇到什麼情況，你每天都能控制回應的方式。

記得第六章「控制力來源」的概念嗎？查爾斯·杜希格（Charles Duhigg）在《爲什麼這樣工作會快、準、好》（*Smarter, Faster, Better*）中，談到這個概念對完成工作與實現目標很重要。他解釋了擁有內部控制源（認爲你能控制自己的選擇）與外部控制源（認爲你的選擇超出自身控制）之間的差異及對生活的影響。

毫不意外的是，擁有內部控制源的人在生活中更積極主動，生產力更高，更成功。因此，只要你對自己的選擇負責，就能變成更積極主動的人。正如杜希格所解釋：

> 「爲了學會更容易激勵自己，我們不僅得將選擇視爲控制的展現，還得將其視爲價值觀與目標的肯定。」②

杜希格接著解釋，比起服從一切的養老院居民，那些「反抗」並蔑視嚴格規則與時間表的居民，精神與身體狀況都好得多。人類習於做出選擇並控制周遭環境。

儘管這看起來可怕，但「爲生活與環境承擔全部責任」的想法，讓人感到非常自由。當你負起責任，就不必擔心自己會發生的事、別人可能對待你的方式，或是可能遇到的障礙，因爲你會獲得掌控權。

別誤會我的意思，沿路仍有障礙，你仍會面臨困難並犯錯，一路上跌跌撞撞，有人會不公平地對待你，但這不重要，因爲你不再是自身處境的受害者。你仍能完全控制回應的方式。

美國海豹特種部隊前隊員喬可・威林克（Jocko Willink）與萊夫・巴賓（Leif Babin）在其著作《主管這樣帶人就對了》（*Extreme Ownership*）裡，詳細討論承擔全部責任的概念，尤其是它對領導的重要意義。他們根據戰鬥經驗寫道：

我們經常將別人的成功歸功於運氣或情勢，並爲自身與團隊的失敗找藉口。我們將自己的糟糕表現歸咎於壞運氣、超出控制的情況或表現不佳的下屬，就是不怪罪自己。我們很難爲失敗擔起全部責任，而事情出錯時承擔責任，需要非凡的謙卑及勇氣，但若是要學著成爲領導者並改善團隊表現，就一定得這麼做。③

無論如何，請永遠爲自己的決定負起責任，並爲人生面臨的障礙承擔全部責任，這可能是你做過最勇敢的事情。

因爲它會改變一切。

除了自己，你再也不責怪別人。你必須放下「受害者」牌，別再讓藉口阻礙了你。你必須停止等待別人爲你指引方向，選擇成爲自己的英雄。這一切不容易，但會讓人充滿巨大的力量。

因爲當你永遠負責任，就完全掌控自己做的選擇。

Chapter 11

接受誠實的意見回饋

每個人都得真正負責

不必對任何人負責任的一群人，不該受到任何人信任。

——《人的權利》（*The Right of Man*），

湯瑪斯・潘恩（Thomas Paine）

不久前，我偶然發現了一則新聞報導，某知名作家兼勵志演說家離婚了，他的事業很成功，教導著別人如何過美好生活。雖然那則新聞是想讓讀者覺得震驚，但其實這件事沒那麼讓人驚訝，是耳熟能詳的故事。

迅速獲得名聲、財富、聲望、權力、奉承、崇拜的粉絲，接著是讓人震驚的失敗，無論是由於吸毒、外遇、超支或是許多糟糕的選擇。無論是名人、大型教會的牧師、政客、運動員、企業家、商業大亨，都不乏這種悲慘故事。

不過，如果你仔細觀察其中大多數的故事，無論這些人多麼不同，都會發現一個共通之處：嚴重缺乏當責制。

名人、政客、有錢有勢有名聲並發現自己迅速墜落的人，往往身邊只會被點頭附和的人包圍，這些拍馬屁者與寄生蟲只說他們想聽的話，但沒把他們的最佳利益放在心上。結果，他們愈來愈與現實脫節，開始相信天花亂墜的宣傳。

當理性的聲音不存在、遭到忽略或被消滅，人們就會做出錯誤的決定。當沒有對立的觀點與討論，人們就會做出錯誤的決定。當一個人突然可以爲所欲爲，就會做出錯誤的決定。絕對的權力會讓人絕對的腐化。

就像是，如果有一個孩子除了讚美以外，聽不到其他的話，也從來沒有人拒絕他。那麼這個孩子很快就會變成被寵壞的自私小鬼。每個人都需要某種責任。

二〇一五年，拉蕾（Lara）與羅傑．格里菲斯（Roger Griffiths）很興奮地發現贏了將近三百萬美元的樂透頭獎。④他們立刻忙著花錢，首先買了夢寐以求的房子、一輛保時捷、一輛運動休旅車，然後讓兩個女兒就讀昂貴的私立學校。他們買了一家水療中心給拉蕾經營。他們享受豪華假期，收集設計師品牌的牛仔褲與手提包。

他們沒有一起坐下來，確保彼此達成共識，並為這筆錢制定某種計畫，也沒尋求財務顧問的建議。相反地，羅傑告訴拉蕾，他可以「處理」這筆錢，而拉蕾對於這筆錢的金額沒有眞正概念，就只是揮霍。

六年之間，他們花光了所有的錢，而且還深陷債務中，婚姻破裂，失去房子、汽車和其他一切。

格里菲斯一家人絕對不是單獨的例子。事實上，根據估計，七成的樂透得主在拿到巨額意外之財後的五年內破產，主要是因為這些得主脫離了現實，並開始認為自己無敵。⑤儘管最好的辦法是依靠第三方（信譽良好的財務顧問或律師）協助管理意外之財，但很少有樂透得主會這麼做。

在沒有任何限制或界限的情況下，人類的本質有缺陷，容易做出非常愚蠢的決定！儘管批判崩壞的名人、因醜聞下台的政客或破產的樂透得主很容易，但事實是，沒有人能完全不受金錢、權力、榮耀、奉承吸引，更不用說受到懶惰與做出錯誤選擇所誘惑，並屈服於惡習。

這就是我們的人生需要當責制的原因！我們需要講實話的人與反對者，這些人夠愛我們，才會在我們走上歧路時提醒我們，他們夠關心我們，才會當面告訴我們做錯了什麼。我們需要可信賴的人提供誠實的意見回饋，而且我們也可以提供誠實的意見回饋做爲回報。

接受我們不想聽的事並不容易，包括殘酷的事實、有建樹的批評、不同觀點。當有人點出我們可能犯錯、從錯誤的角度看問題或根據不充分的資訊形成意見的時候，我們眞的不想跟他們打交道。

這就是眞正的當責制（接受誠實的意見回饋並願意跟進），這是勇氣的表現，因爲你必須變得脆弱，承認自己可能沒有全部的解答。這需要做開心胸接受有時很激烈的討論及不同於自己的觀點，以及按照明智的建議行動，而這些建議可能與你最初的觀點和願望相牴觸。這需要謙卑與信任。

信任的基礎

我很喜歡性格評估測驗「個人強項」（StrengthsFinder）。我的公司要求所有求職者接受這項測驗，這是申請流程的一環，我們積極確保團隊成員能獲得機會在各自擅長的領域努力。我非常著迷，於是也讓孩子參加這項測驗的兒童版，然後經過我多次懇求，終於說服了丈夫參加這項測驗，這樣我們就能一起閱讀《基於強項的婚姻》（*Strengths Based Marriage*）。⑥

毫不驚訝的是，我們夫妻只有一個共同強項（策略），他的前十大強項是我排名倒數十名的強項，反之亦然。

我們截然不同。

儘管我們已經知道（很難不知道）這一點，但能夠了解我們的強項如何影響個性與婚姻一事，提供了讓人驚歎的洞見。我們意識到夫妻之間一再發生的最嚴重衝突與「我最差的強項（適應力）是他最大的強項」直接相關。我們最常吵什麼？就是我總是想擬定計畫，而他從來不做計畫！我們都把對方搞瘋了！

問題是，我們都認為對方努力逼瘋我們，查克認為我故意不斷制定計畫來惹惱他，而我以爲他只是想透過反抗來當個混蛋，直到我們了解這種個別強項（或缺乏這種強項）是性格固有的部分。

結果證明，我們不是故意這樣做！雖然我不會說我們不再爲這個問題而爭吵了，但這方面的衝突已大大減少。我更敏銳地察覺到查克只是需要順其自然，而他意識到如果我沒有計畫就會完全不知所措。

花時間了解彼此，有助於我們建立更深的信任感，這在任何關係中都不可或缺。如果我不相信丈夫無條件地愛我，並無論如何都永遠支持我，那麼每當他做出討人厭的事，質疑或挑戰我的想法，我就會輕易假定他是出於惡意，故意激怒我或是因爲有祕密的邪惡動機。

「信任」是所有成功的婚姻、友誼、當責夥伴關係的基礎。沒了信任，一切都是空，只會是空洞的膚淺互動、基於各方可以獲益的交易關係、彼此的客套話與陳腔濫調而已。

因此，爲了信任別人，你必須願意變得脆弱，卸下心防，讓別人看到眞實的你，你通常會試著隱藏的那一面：古怪、有缺陷、一團糟、不盡完美。你必須誠實面對自己的想法、希望、夢想、恐懼、沮喪、不安全感。此外，你還必須願意看到並接受對方的這一面。

丈夫看到我最糟的那一面：我的壞情緒與經前症候群；如果某些事情沒有按照計畫進行，我會非常害怕；我對孩子、丈夫、等待、幾乎所有事都不耐煩；我肚子餓的時候會突然抓狂，完全不可理喻；我很執著；我偏愛沒有旋律的愚蠢歌曲，還有其他我覺得太尷尬而無法分享的一百萬件小事。

儘管我與丈夫截然不同，有時確實會把彼此逼瘋，但我們也讓彼此變得更好。他是磨礪我的人，我是磨礪他的人。

我也非常幸運，擁有幾位很了解我的朋友，無論如何，他們都會支持我，而我願意為他們赴湯蹈火。

這些就是我信任的人，我相信他們會在我做蠢事或過於自大時提醒我，無論如何，他們都會以關愛的態度直接告訴我，我需要那種觀點來讓自己保持理智。我們都需要。

鼓勵衝突

每年一次，我的整個團隊會到佛羅里達總公司參加年度計畫會議與團隊靜思。目的是要讓團隊團結起來，解決問題，夢想未來。我們主要是網路公司，大多數員工都是遠距工作，我們發現這種面對面的時間非常寶貴。

說實話，我的團隊很棒。我知道很多人都這麼說，但這是眞的。每個人每天都全力以赴，他們熱愛公司，受到我們的工作啓發，工作不遺餘力。我每天醒來時，都很感激能與這群人一起工作。

去年，爲了準備團隊靜思，我請每位團隊成員閱讀派屈克·蘭奇歐尼（**Patrick Lencioni**）的《克服團隊領導的五大障礙》（*The Five Dysfunchions of a tem*），[7]這本書以寓言的形式揭示了總是阻礙團隊最佳表現的五種團隊行爲。

去年我已經先讀過這本書，爲相關內容感到擔憂，因爲到那時爲止，我一直不認爲我們的團隊失能，完全不覺得。即使我們非常努力工作，都還是和睦相處，從工作中獲得樂趣，每位成員總是很正面。

不過，這正是問題所在。

我們沒有任何衝突。

在我們公司，每個新想法與提議都獲得接納與喝采，一片鼓勵、積極正面、溫暖打氣、「做得好！」。我們眞的善於善待別人、表達讚賞、拚命稱讚彼此，也善於慶祝生日、週年紀念日、公司成功，以及表揚出色的工作。

儘管這聽起來像是我們有個很棒的工作場所，而且確實如此，但這也有問題。我們渴望和睦相處並始終保持積極態度，因此沒有人爲最棒的點子發聲爭取，或是發現不對勁的地方不敢說出來。我們缺乏衝突，這讓我們自滿，卻讓工作品質變糟。

我們的團隊意識到，鼓勵有建樹的衝突並要求彼此負責任，是我們眞正需要努力的兩件事，而在過去的一年內我們也這麼做了。

現在，會議爲大家帶來更多火花，因爲團隊成員愈來愈願意表達想法，分享意見，贊同或反對某個特定的想法，甚至在必要時互相點出問題。大家仍然非常正面積極，但現在我們讚揚那些有建樹的衝突時刻並爲其喝采。事實上，當我們都同意某個意見時（這種情況仍經常發生），往往會要求一、兩個人扮演唱反調者，這樣就能創造更多有建樹的衝突，並絕對確保我們將各方面都納入考量。

有時，一些衝突與爭論有其必要，這不僅適用於團隊。我與手足最近處理關於母親照護與財務問題時發現了這一點。我們對於最佳行動方案的看法極度分歧，需要這種有建樹的衝突才能找出最佳作法。

你知道嗎？這眞的很困難。我們互相說了一些很刻薄的話，傷害彼此的感情。我們發現，現在的衝突是基於過去根深柢固的傷害，雖然我知道我們都把母親的最大利益放在心上，但依舊很難對必須採取的步驟達成共識。雖然我們還沒完全解決問題，但我有信心我們將努力解決衝突，度過難關，因爲我們深深關心母親與彼此。

重要的是傾聽其他觀點，即使你不同意那些看法。聆聽那些反對者的想法，會促使你鞏固自己的信念。而努力讓事情變得更好，將爲你帶來更好的結果。

因此，別害怕衝突，而是要接受誠實的意見回饋，因爲每個人都得眞正負責。

Chapter 12

沒有錯誤，只有教訓

每一次失敗都能帶來突破

我沒有失敗，只是找到一萬種行不通的方式！

——湯瑪斯・愛迪生（Thomas Edison）

有時，我覺得自己的人生一直走錯路。

十七歲那年，我從高中輟學，前往荷蘭當交換學生，因爲我一想到又要住在家裡一年就受不了。我就讀的小鎮高中，之前沒人當過交換生，他們拒絕接受荷蘭學校的學分，也拒絕給我畢業文憑。儘管我從未從高中畢業，但因爲某種奇怪的疏忽，我還是獲得大學錄取，不過後來也輟學了。

我在二十歲時嫁給一個喜歡但不愛的男人，在二十二歲時離婚。接著（正如我之前簡短所述），我完全掉進深淵，多次嘗試自殺，進出精神病醫院達兩年多。那段期間，我完全忽略財務狀況，導致聲請破產。

二十四歲的我恢復單身，深深愛上一個男人，他哄騙我九個月。然後，我又愛上另一個男人，結果發現這個男人是最討人厭的渣男：他叫我從一家餐廳的後門離開，因爲「正牌」女友出現時，他才不會被揭穿。

二十五歲那年，我終於振作起來，讀完大學，全力以赴參加研究生管理科入學考試（GMAT）與法學院入學考試，獲得聖路易斯華盛頓大學的法學暨企業管理雙學位學程錄取。然後，我揮別原來的人生，搬到聖路易斯，買了房子，但在八個月後又退出該學程。

將近三十歲的時候，我接下一家生意衰退的日間水療中心主任的工作。我接手時，這家水療中心經營不善，每月虧損五萬美元，我卻妄想能以某種方式扭轉局面，花了近兩年投入所有的心血與眼淚解決問題，但還是失敗了。

到了三十三歲時，我已經是焦躁不安的全職媽媽，大部分的空閒時間（我有很多空閒時間）都花在塔吉特量販店購物，導致我與丈夫一直爲金錢及我的消費習慣爭吵。說實話，我不太確定我們的婚姻是否走得下去。

雖然四十歲的我想假裝這些錯誤早已經過去，而且自從創業以來就想辦法解決人生的問題，但事實上，我幾乎每天都會做出愚蠢的舉動，將時間與金錢投入失敗的計畫。我錯信了人，錄用了數不清的糟糕員工。我一直期待別人給我答案或爲我指引方向，卻發現那些人也不知道自己在做什麼，我有過幾次很糟糕的通話，做了一些事後希望能回去改變的糟糕決定。

回首過去，我可以清楚看到自己的人生大多是一連串糟糕的舉動、錯誤的轉彎、嚴重的失敗。然而，我在這個過程裡意識到：沒有錯誤，只有教訓。每個錯誤的轉彎都以某種方式將我帶到現在的位置，每次過失都導致了最終正確的那一步，我堅信目前生活中的艱辛將成爲未來永遠感激的教訓。

事實證明，當交換生的那一年，是我人生中極美好的一年，它開拓我的世界觀（當時很狹隘）。我遊遍歐洲，感受獨立的滋味，還精通荷蘭語。雖然我從未從高中畢業，但我能免修四門語言課，拿到十六個大學學分。

雖然我的第一段婚姻嚴重失敗，但它讓我學會在婚姻中**不該**做些什麼事。事後看來，我承擔讓自己、前夫及其家人失望的責任，逐漸接受自己缺乏謙卑，接受自己未來要做不同的事。我知道如果未來要再婚，那會是出於正確原因，而對方是眞命天子，這段婚姻將維持一輩子。

聲請破產讓我感到非常丟臉，導致我發誓永遠不會再陷入幾乎沒有選擇的財務困境。我意識到，控制自己命運的方法，就是賺到足夠的錢以擁有選擇。

我與憂鬱症對抗的時間讓我深深了解自己與人們，但最重要的是，不管事情變得多糟，總會有出路，一旦跌到谷底，就只能向上爬。

就連我的約會悲劇也出現一絲希望。如果我不是因爲心碎煩惱，絕對不會愛上那個說了滿嘴好聽話的渣男，但如果我沒遇到渣男先生，就不會認識他的同事兼室友查克，而他成爲我的「眞命天子」。我們一起養了一隻狗與兩個孩子，六度橫跨全國搬家，攜手走過十五年，歷經十七個地址，我們的感情仍然很好。（不，他們依然不是朋友！）

從法學院輟學、放棄我當時唯一眞正的宏大目標，可能是我做過最恐怖的事，而那也是最讓我感到自由的事，讓我了解無論如何自己總有選擇，這是我在此之前始終拒絕了解的人生教訓。我花了一段時間才弄清楚人生想做的事，而我仍欠了三萬美元的學生貸款，但從不後悔離開法學院。

經營日間水療中心是經營企業的速成班，當我回頭看，可以發現擔任該職位獲得的教訓，讓我現在所經營的企業一次次地受益。我學會如何領導大型團隊、應對各種個性與風格的員工、管理損益、成爲更優秀的行銷人員、銷售、建立網絡，以及提供優秀客戶服務的意義爲何。

我習慣去塔吉特量販店購物，並迫切需要在我的消費行爲破壞婚姻之前找到新嗜好，這導致我開始寫部落格「美好生活，精簡消費」，這是投注個人熱情的計畫，最後發展爲成熟的事業。我經營公司的每一天都持續發現，最好的教訓總是直接來自我最大的錯誤。學習到哪些事不該做與行不通，有助於我弄清楚什麼**確實**行得通。

因爲到頭來，**沒有錯誤，只有教訓**，這是下一條勇氣原則。

重新建構觀點

你的人生不再害怕犯錯，這意味著什麼？你是否想過這件事？如果你將每次的經驗重新建構爲學習的時機，而不是搞砸的時機，那會是什麼樣子？如果你眞的能說服自己的內心相信「錯誤根本不存在」，那會怎麼樣？

那讓人感到多麼自由呢？

問題是，要期待在生活（與事業）裡一切順利，是很簡單的。如果事情總是盡如人意，如果我們總是得到想要的一切，如果生活只有陽光、玫瑰、獨角獸，而我們碰觸的一切都變成黃金，不是很棒嗎？但我們的內心深處都知道情況並非如此。我們可能沒意識到一件事：「期待一切順利」對於創造熱愛的生活會造成反效果。

路上的這些顚簸是我們學習所有好事的地方！無論是生活或事業，我敢保證你總是會從犯下的錯誤裡學到最多東西，每個錯誤或失誤都是成長進步的絕佳機會。

我知道犯錯或出錯不好玩，但你不會希望對於失敗的恐懼讓你退縮不前或不嘗試新事物，因爲錯誤與失敗是另一種勝利，這意味著即使你輸了，你也贏了！

比失敗更糟糕的命運

要相信犯錯是最可怕的事情，這很容易。我們避免冒險，避免跨出舒適圈，也不追求那些宏大的目標與夢想，因爲我們想像不出比失敗更可怕的事，認爲搞砸事情是最壞的情況。

但這不是事實。

有一種命運比失敗更糟糕。如果我們不去嘗試，最後的結果讓我們困擾的時間，比犯錯的負面影響或嘗試後失敗造成的結果來得更久。

這是遺憾的痛苦。

當我回顧目前爲止的人生，儘管犯了許多錯誤，但其實沒有太多遺憾。別誤會我的意思，我有很多不想重複的經歷，還有許多不引以爲傲的錯誤，但我不遺憾這些事發生了。

即使是財務的錯誤（我多次冒險並賠錢）也不會讓我感到太煩惱，舉例來說，幾年前，油價創歷史新高時，我與查克有機會投資新油井的鑽探工程，當時那還是不確定的事情，要冒很大的風險，但也提供很大的潛在報酬。

我們仔細討論這件事，權衡利弊，最後決定冒險一試。我們祈禱一下，然後簽了一張鉅額支票，不幸的是，鑽探失敗了，除了大量岩石以外，沒開採到任何石油或天然氣。

我們損失了全部的投資金額。雖然那個結果非常不理想，我們也不希望那種情況發生，但也發現這不是世界末日。我們挺過那次打擊，生活依然如故，我們從不後悔冒險。不過，有一個我們沒把握的機會，是我一直希望當時能付諸行動的。

幾年前，我與查克在田納西州東部鄉村發現一棟歷史悠久的小木屋待售，這棟小木屋距離我的好朋友艾迪家只有幾英里。它具有驚人的潛力，包括一個十三英尺寬的石製壁爐、巨大的梁柱等許多特色。但它需要大量的翻修工程，包括新屋頂、新管線、新電線、新廚房、新浴室、新化糞池系統等，承包商估計我們必須立即投入的維修費用至少十五萬美元。

我們不是沒錢投資，我們有這筆錢，卻擔心轉賣的價格不理想，以及花費會超過這棟房子最終的價值。因此，儘管我們真的很愛這棟小木屋，後來還是放棄了。

而在四年後，這件事仍然讓我感到痛苦！

我們仍想著這棟小木屋，談論它，並想知道「如果當時買下的話會如何？」每隔幾個月，我就會到房地產網站 Zillow 查找這棟小木屋，看看它是否重新出售。目前爲止，我運氣不佳，但也許有一天會發現它。

我爲本書調查了四千多人之後，覺得最重要的一課就是遺憾帶來的無盡痛苦。因爲擔心無法成爲好父母而選擇流產的那對夫妻、放棄「重返校園」夢想的母親、害怕放棄穩定薪水而沒去做那份理想工作的父親、因爲擔心自己太糾纏不休而錯過客戶的房地產仲介。

有太多讓人心碎的故事！

事實上，我閱讀一個個因爲恐懼而退縮的故事之後，深信最讓人傷心的是：必須活著面對長久的後果，心中盼望能回到過去再試一次。

儘管我們對於失敗的恐懼非常眞實，但顯然犯錯造成的暫時痛苦，比不上自己原本能更努力卻沒那麼做所造成的痛苦，那種痛苦將揮之不去，縈繞於心。

錯誤只會造成一時的傷害，但遺憾會在餘生纏著你不放。

因此，別讓這種事發生，請讓自己對後悔的恐懼大於對失敗的恐懼。請勇於冒險，這樣一來，你就不必花費一生的時間想著：「如果當初那樣做，會是如何？」請接受犯錯。

如果你有後悔的事呢？請將它留在過去，讓自己繼續前進。請專注於你唯一可以控制的事，亦即從現在開始所做的選擇，並提醒自己：沒有錯誤，只有教訓。

因爲每一次失敗都能帶來突破。

Chapter 13

平衡被美化了

如果每件事都很重要，那麼所有事都不重要

總有某些東西是出於過量的某物：偉大的藝術是出於巨大的恐懼、巨大的孤獨、巨大的壓抑、巨大的不穩定，而藝術總讓它們之間取得平衡。

——《阿奈絲．寧的日記》（*The Diary of Anaïs Nin*），阿奈絲．寧

每年，我都會發出深度問卷調查，以便多了解讀者與客戶，其中提出的問題有關於喜歡的地方、不喜歡的地方、我們可以改進的地方，而我通常會問一些關於目標的問題。過去的兩年裡，我還要求回覆者選擇一個詞語當作「年度詞語」。

你知道哪個詞語一次又一次地持續出現，比任何詞語更頻繁嗎？

平衡。

身爲女性的我們極度渴望平衡，或看起來很渴望它。

這個神話般的迷人想法，總是蟄伏在我們眼前無法企及之處。我們認爲正是因爲缺乏平衡，才導致自己無法過著想要的生活，而且我們說服自己相信：達到平衡才會幸福。

我們確定自己還沒達到這種神奇的平衡狀態，永遠不滿意自己目前的狀態。無論我們正在做什麼、朝什麼方向努力或處在哪個人生階段，似乎都不重要。我們始終受到一種潛在的感覺困擾，即我們的生活在某種程度上已經出問題，失去平衡。如果我們花費太多時間在某一件事，感覺就像做錯了事。

對於那些有孩子或家庭的人來說，這種感覺甚至有個特別的名字。

媽媽的內疚感。

當我們照顧自己、專注於事業、追求熱情或夢想，感覺就像做錯事，忽略家庭或以某種方式傷害了孩子。（明確地說，你不必當媽媽就能體驗那種感覺！）

我們因爲說「不」或「現在不行」而感到內疚；因爲沒三餐開伙，或沒花費數小時在圖像式社群平台Pinterest找點子來製作巧妙的午餐便當而感到內疚；因爲讓孩子提前二十分鐘上床睡覺，自己才可以安靜看網飛（Netflix）的影片而感到內疚；因爲沒陪伴孩子參加本月的教學活動、沒負責最新的委員會或募款活動而感到內疚。

內疚感無所不在，總是在暗處，一、直、都、在。那個微弱的聲音不斷告訴我們應該更盡本分，多做一些，多愛一些，更努力教養，多付出一些，多奉獻一些，多參與一些，多注重心靈一些，多策畫一些。

那個微小的聲音告訴我們，無論我們做了什麼，或許都不夠。

不過，如果那個聲音欺騙我們呢？

如果我們說服自己，所相信的「平衡」可能達成並讓人嚮往，但事實上不是如此呢？如果那只是神話呢？如果那只是童話故事呢？如果那只是旨在阻止我們全心全意追求目標與夢想的陷阱，該怎麼辦？

如果**平衡**被美化了呢？

我是在職媽媽，工作非常忙碌且勞神費力，我確實經常爲這種困境而苦苦掙扎，幾乎每天都是如此。我要怎麼樣才能同時當個好媽媽、好妻子、好老闆？我如何才能專注於發展事業，領導團隊，達成內心深處湧起的所有宏大目標與夢想，又不讓身邊的人失望？畢竟，我要考慮的人不只有自己，我要如何在抱負與責任之間取得平衡？

因爲現實就是：實現夢想得付出許多東西，追求宏大目標需要付出大量的努力與犧牲，也等於做出艱難的選擇，要優先考慮某一件值得做的重要事情，而不是另一件值得做的重要事情。這也需要我們願意相信自己、自己的選擇與優先事項，即使其他人都不願意。

這有時眞的很難。

每當我們達到新里程碑或實現某個宏大目標而感到興奮，腦中經常存在的未言明問題是：**追求個人的夢想會讓我變成自私的人嗎**？

答案是會……與不會。

有時，我們必須自私才能完成工作，必須願意犧牲或放棄一個目標，以追求另一個目標，有時這些目標截然相反，有時那樣沒關係。事實上，有時就應該如此。

那麼，我們何時可以朝著個人目標前進，何時應該退縮呢？何時可以自私，何時應該無私呢？何時應該全力以赴，何時應該謹慎行事呢？

著迷沒關係

在這個文化裡，生活各方面都有關於「努力取得平衡」的許多好聽話，對某個東西著迷會遭到無端的批評。別人教導我們相信：過久或過度專注於一件事，或將全部精力與心力投入到生活的某個領域，並不健康。別人教導我們相信：不該過度工作、不該過度運動、不該過度實踐。

我們說：「所有事情都要適度。」

但那眞的正確嗎？

我不認爲。

偉大總是來自於著迷。

世上最棒的文學、音樂、藝術、美食、最成功的公司與發明、最具開創性的科學發現、最讓人驚歎的運動成就，幾乎都是不懈追求的直接成果。最成功與最知名的執行長、藝術家、科學家、運動員、演藝人員，一向願意犧牲，放棄平衡而專注於一個選定的領域。

一遍又一遍，所有故事都一樣：多年的實踐、熱情的投入、個人的犧牲、不懈的追求。事實上，我敢說每一項眞正知名的成就背後，都有一位願意爲此著迷的人。

我還認爲這不只是著迷而已。對於其中大多數人來說，他們的動力不只來自於激情或對成功的渴望，還來自於追求目標的迷人感覺：對世界做出貢獻並做大事的必要。那是使命。

身爲基督徒的我，相信我們受到上帝感召，盡我們所能運用獨特的天賦、才華和長處。我也相信，宏大的夢想（會激起我們內心恐懼與興奮感的夢想）是受到天啓。我覺得，如果我們不著迷於使用這些天賦，追求這些宏大夢想，實現自身使命，其實是誤入歧途。

我們的使命不是找到平衡，而是立定目標。

如果你懷著這個想法，並允許自己全力以赴而不感到內疚，你覺得會發生什麼事？如果你能停止追逐神話般的平衡，允許自己執著於追求夢想或目標，將發生什麼改變？這對於你目前的生活有什麼意義？有什麼事必須改變？

任何階段都不會永遠持續

你是否注意過，人類不管處在哪個人生階段都顯得目光狹隘？這是我們能看到的一切、深有同感的一切、感興趣的一切。此外，因為這個情形橫跨所有層面，我們往往感覺這將永遠持續下去。

我二十幾歲的單身時期，生活重心是與狗兒一起健行，與朋友一起廝混，週末去露營或看足球賽。我完全自由地為所欲為，從沒想過這種情況未必會永遠持續。

訂婚後，身為準新娘的我，生活、睡覺、呼吸時都在想著婚禮計畫。我只讀新娘雜誌，只看《我的夢幻婚紗》（*Say Yes to the Dress*）這類的電視節目，花了無數小時規畫完美的一天，包括禮服、餐點、鮮花、蛋糕、音樂、禮物清單……這其實是全職工作！接著，當我們說出「我願意」，一切都結束了。

懷孕是全新階段，充滿了期待、擔憂、興奮、恐懼、新的電視節目，例如《寶寶故事》（*A Baby Story*）與《我不知道我懷孕了》（*I Didn't Know I Was Pregnant*）。我花了好幾天將《懷孕知識百科》（*What to Expect When You're Expecting*）從頭到尾讀了一遍，反覆重寫生產計畫書，並在充滿戲劇性的BabyFit聊天室裡討論懷孕的各個方面。

育兒的過程很快就讓懷孕變成遙遠的記憶，每個階段都帶來一連串挑戰與困擾，包括讓人睡眠不足的嬰兒期、學步期、可愛的幼童期、不太可愛（但更獨立）的前青春期。我還沒碰過孩子的青春期，但很確定一旦他們進入後，這個階段也將成為我的生活重心。

身為企業家的我，也經歷了很多不同的時期。有些時期非常忙碌，我瘋狂地努力吸引關注，幾乎沒睡，每週工作八十個小時以上，瘋狂地嘗試各種方法，看看何者有效。

在創意與反省的階段，我專注於寫書或創造新事物。在建立與成長的階段，我必須學習建立制度與團隊。我也經歷過挫折絕望的時期，似乎所有可能出錯的事情都發生了。

在人生的各個方面，無論是婚姻、友誼、工作、玩樂，我們都持續經歷不同階段：有充滿希望的階段、絕望的階段、忙碌的階段、平靜的階段、覺得自己富有成效的階段、似乎無法完成任何事的階段、渴望的時刻、滿足的時刻。

無論好壞，任何階段都不會永遠持續。

了解並記住這一點很重要，因爲人生具有許多階段的這個本質，代表著我們會隨著階段而有一些失落之處，也凸顯了我們對於失衡感到內疚是徒勞的。每個階段都會變動，而我們眼中認爲的最重要的事也會隨之改變。

如果每件事都很重要，那麼所有事都不重要

理論上，接受「每個階段會變化」的想法很容易，但這些階段的本質缺乏遠見，因爲我們每天面臨的巨大難題，是認爲生活的一切都應獲得同樣的重視與關注，如果我們無法在生活各方面時時保持完全平衡，那就是失敗了。

我們正在對自己說著多麼可怕的謊言！

事實上，如果每件事都很重要，那麼所有事都不重要。如果我們總是試著賦予所有事物相同的重視，便永遠無法足夠重視眞正重要的事物。並非每件事都重要或應該重要，這是不可能的，我們卻瘋狂地逼自己試著達到某種完美的平衡。

我們知道在某個領域成功，代表著得在另一個領域失敗，卻沒有意識到這樣是沒關係的。有時我們應該在某個領域失敗，這樣才能在另一個領域成功，否則就只能在平庸中獲得完美平衡。

說眞的，誰想要那樣？

我們的宏大目標就在這裡出現，它們告訴我們眞正重要的事。那些宏大目標可以幫助我們確定必須優先將時間花在哪些領域，它們是路線圖，讓我們知道前進的方向、必須專注之處、不值得浪費時間的活動。

「不値得我們花時間」這一點非常重要，有時卻非常困難，特別是對那些覺得必須做所有事情的人。就像人生的其他事情一樣，弄懂什麼不値得我們花時間，是需要練習的。我們需要不斷重新審視宏大的目標，然後將這些宏大目標拆解爲小目標，並據此確定優先事項。

因此，花時間確定個人優先事項（根據這些宏大目標，對你最重要的事情）絕對必要，我們應該經常練習這件事，並列出你認爲最重要的事情之具體清單。將這份清單留在手邊，每當生活開始變得有些忙亂，你就能回頭參考，而它將會提醒你，並非所有事都同樣重要。

沒有人能做到所有事，那些假裝做得到的人可能在說謊，因爲每天的時間根本不夠用。每個人同樣都有二十四小時，因此無論我們在生活中做了什麼，都面臨著選擇。

我們如何確定自己選了正確的路？我們怎麼知道優先順序正確？我認爲我們都在成長，需要持續重新評估及自我反省，但有些原則確實在這個過程中幫助了我。而它們可能也能幫助你。

弄清楚原因

設定宏大目標還不夠，我們必須知道它們對我們很重要的原因。如果你不知道原因，那麼可能無法證明自己爲實現目標做出的犧牲很正當。

你的目標是什麼？是什麼激發你的熱情？你的使命就是追求這個目標嗎？值得

爲此犧牲嗎？我們將在第十六章更詳細討論找出自己的原因，但值得先提出來。

請與配偶、子女、夥伴交換意見

這可能很困難，但與那些被你疏忽而你也爲此感到內疚的人把話說清楚，有其必要。

我喜愛主導及對人發號施令，相較之下，我的丈夫不想告訴別人該怎麼做，而他也不曾這麼做。即使如此，結婚這些年來，我已經明白他的天賦可能不是領導能力，而是智慧。我已經認識到並持續明白，他在協助我實現夢想與抱負時，提供許多寶貴的洞見。沒有人像他一樣完全了解我，也沒有人像他一樣大聲爲我喝采或眞心希望我成功。更重要的是，我的丈夫是唯一了解我們家特殊需求並像我一樣深深關心孩子的人。

眞正的當責制最寶貴，你最親近的人可能是世上唯一會非常誠實（有時很殘酷）告訴你是否走上正確道路的人。爲了你的婚姻與家庭，你應該傾聽他們說話。

贖回時間

追求夢想之時，可能得離開家人比較久，所以確定你們共同度過的時間眞的很重要。你與家人在一起時，請充分陪伴另一半與孩子，關掉手機、電腦或任何會分散注意力的東西，然後全心全意陪他們。請特地留時間陪伴家人。

同時，請小心避免屈服於內疚感，有時內疚感會誘使媽媽太縱容孩子，或者給孩子一堆不需要的東西，來彌補自己缺席的時光。多給一點東西，無法彌補較少的陪伴時光，試著當孩子的朋友而非他們的父母，也是行不通的。

研究指出，孩子三歲以後，以父母陪伴孩子的時間而言，質比量重要，⑧所以好好把握吧。

停止比較

當我們看著朋友，很容易覺得他們的生活比較美好或更有價值。我們看著事業心重的朋友每天趕去上班，穿著量身訂做的套裝與高跟鞋，看起來很時尚；當她們踏著公司的台階向上走，我們仍穿著昨天那件布滿嬰兒餅乾碎屑的瑜珈褲。形成鮮明對比的是，她們很希望能待在家中陪伴孩子，並且一直擔心錯過人生最重要的時刻。

拿自身的情況與別人做比較，是無濟於事的，只會讓你陷入強烈的自我懷疑，請不要這樣做。你的道路是你的，而不是別人的。

為自己的選擇負責

每個行動都有其一連串的後果，每次我們選擇某件事，就意味著沒選擇另一件事，所以請爲自己的選擇負責任。如果你內心深處相信自己的使命是踏上某條路，就別浪費時間爲自己無法做的事感到後悔。請了解，當你選擇追求夢想，同時就選擇了拋下某些事。

這是沒關係的。

因爲我們都無法達成所有事，但可以平靜面對做出的選擇。最後，這一定夠好。

請相信這一點：平衡被美化了，如果每件事都很重要，那麼所有事都會不重要了。

Chapter 14

持續前進

堅毅不會被取代

世上沒有東西能取代堅毅。才華不能取代堅毅，有才華但沒成功的人很常見。天賦不能取代堅毅，懷才不遇的天才幾乎已是格言。教育不能取代堅毅，世上充斥著有學問的遊民。光是有堅毅及決心，就已經是萬能了。

——凱文・柯立芝（Calvin Coolidge）

二十三歲那年，我很確定自己的人生永遠毀了。那時，我已經重度憂鬱超過兩年了，而且我說的不是「一邊看著《鋼木蘭》（*Steel Magnolias*）感到憂鬱，一邊吞幾顆百憂解」的那種憂鬱，而是希薇亞．普拉絲（Sylvia Plath，譯注：美國女詩人，一生受憂鬱症所苦，最後自殺身亡）風格的憂鬱。

我的正式診斷結果是重度憂鬱症與創傷後壓力症候群。

我無法面對童年遭到性虐待的記憶，不願面對嫁錯人的事實，又受困於不想要的生活，我判定人生毫無意義，世上沒有上帝，而自殺就是解決問題的方法。

我失敗兩次後，第三次嘗試自殺時幾乎成功了：消防隊員破門而入，找到了我，而在救護車裡，我的心跳停止，他們在我的喉嚨裡插了一根管子，讓我維持呼吸，接著打電話給我的家人，請他們過來說再見。

但我沒有死。

之後，我被送到精神病醫院，在那裡花了無數時間參加團體治療、個別治療、憤怒治療、認知行爲治療、「多談談創傷」的治療。我在休息時間閱讀存在哲學的書，並與其他病患交朋友，他們教給我一些基本生活技能，像是舔藥物的方法、藏違禁品的地方、在吸菸室使用「安全」打火機的方法，這確實讓我明白，練習連續吸菸容易多了。

出院後，我陷入更嚴重的自我毀滅。我開始拿刀割自己，覺得不夠痛苦的時候，就轉而用火燒自己。我剪掉所有頭髮，穿了鼻環與眉環，紋了許多刺青。我仍然不滿意，於是故意讓自己處在愈來愈危險的環境裡，喝酒，嘗試濫交與吸毒，每天至少吸兩包菸，參與酒吧鬥毆。我簽了一張空頭支票買下一頂帳篷，然後沿著西海岸露營，直到抵達亞利桑那州一個偏僻之處，與一對脾氣反覆無常的女同性戀情侶住在一起。

我過得一團糟。

我無法要自己去關心任何事，只希望不要有任何感受，並想盡辦法讓自己逃避內心感受到的痛苦。

不用說，自我毀滅無法讓情況好轉。我再次嘗試自殺後，回到了精神病醫院，醫師放棄開抗憂鬱劑，轉而使用電痙攣療法，接著他們終於完全放棄我，送我回家等死。

這就是我二十三歲時離婚、破產、跌到人生谷底的情況。

我沒有工作，沒有錢，沒有學位，沒有希望。我看起來很糟糕，手臂與腿上布滿割傷與燒傷的疤痕。此外，當時我已經疏遠所有曾關心我的人。憂鬱的人不好相處，雖然我大多數朋友與家人都努力提供支持，但一段時間後，大多數人都放棄了。

不能說我怪他們，因爲我也放棄了自己。

我搬去與父親一起住，不是因爲他希望我這麼做，而是因爲我眞的沒有其他地方去了。我連續幾個月都整天躺在床上，直到他終於受不了了，並說服了我（其實是賄賂我）開始每週運動好幾次，而我用所能想像的最敷衍方式照做了：我在跑步機上走了三十分鐘，然後直接回到床上。

不過，這確實有用。一步接著一步向前走的那三十分鐘，最終開始帶來小小的影響，那些籠罩我許久的憂鬱烏雲開始升高，即使只升高一點點。

我找了一位新的治療師，並對她說：「我花了兩年半的時間談論發生在我身上的所有壞事，而我不想再講了，那沒有用，現在我只需要知道如何再度生活。」

接下來兩年內，這正是她幫助我做的事。一步接著一步向前走，將我的人生重新拉回正軌。我找到了公寓與兼職工作，接著獲得更棒的全職工作。我領養了一隻深棕色的拉布拉多犬，牠叫莉塔，精力充沛，讓我每天不得不離開屋子好幾次，走很遠的路。我開始結交新朋友，這些朋友是眞的做出社會貢獻的朋友，而非自我毀滅的朋友。我開始修補過去破壞的人際關係。我樂在單身，週末快樂地露營與健行，也開始結識新的異性朋友並約會。我回到大學完成學業，接著開始申請法學院。

治療師協助我了解，每個小小的進步都有助於通往下一個進步，她幫助我認識到，不必立刻把整個人生搞清楚，**只需要繼續前進**。最終，她幫助我明白如果能度過長達兩年嚴重精神崩潰的難關，我就能度過任何難關。

我只需要繼續前進。

因爲在我的人生裡，從來沒有一個時刻會神奇地變得完美，而精神崩潰當然不會是我這輩子最後一次奮力掙扎。我確實讀過法學院，只是八個月後意識到法學院不適合我。之後，我試過許多其他的路，花了多年才找到回上帝身邊的道路，並發現我注定要走的路。

一路上，我面臨許多挑戰與逆境。我經歷了心碎、背叛、挫折、失敗、慘重的損失、痛苦的失望、健康問題、金錢問題、破裂的友誼、家庭鬧劇。

但這就是人生。

沒有人能輕鬆過關，沒有人能確定擁有一段沒有艱辛、掙扎、痛苦的完美幸福旅程。儘管我的故事比某些故事更痛苦，但與其他故事相比是小巫見大巫，許多人經歷了更可怕的挑戰、更巨大的障礙、更嚴峻的環境。我唯一眞正確定的是，在我的未來及你的未來肯定有更多障礙、掙扎和挫折。

逆境是人生的一環。

唯一的問題是，你將如何處理？

你可以控制的一件事

蘇庫普家平日早晨的場面並不好看。

無論我們將鬧鐘的時間調得多早，或者努力在前一晚做好準備工作（打包午餐、爲功課簽好名、擺好衣服、將背包與用具放在大門旁邊），上午七點半至八點的這三十分鐘總是陷入混亂、吼叫和淚水。

這一切混亂的根源並不神祕，是我的小女兒安妮（Annie），這個孩子沒有急迫感，似乎無法加快速度，無法動作快一些。她花上四十五分鐘吃一顆雞蛋與一片吐司，穿了不相配的衣服（這不容易，她們是穿制服），拒絕梳頭髮或把襯衫下襬塞進褲腰，然後拿著一只鞋子走來走去，希望沒人注意到她應該在打掃房間，而她姊姊正在努力清掃。

更讓人火冒三丈的是，無論是大吼、懇求、哄騙、懲罰的威脅，她似乎都不為所動，不擔心遲到，也完全不會因為必然包圍著她的沮喪與怒氣而感到驚慌。她就是不在意，自信是她最大的優勢，她完全不受批評影響。如果這番景象不是如此讓人惱怒，可能稱得上讓人驚歎。

毫不意外的是，主要的挫折與怒氣來自大女兒梅姬，她是最直接受到妹妹行為影響的人。梅姬喜歡提早到學校，這樣就可以見到朋友，而且家裡最大的孩子通常負責任，條理分明，總是準時，她就是如此。她通常在早上七點半之前就已經準備就緒，因此她的其餘時間都花在努力讓安妮加快速度。

每天早上，我們就像《今天暫時停止》（*Groundhog Day*）一樣上演大致相同的場景：安妮慢吞吞，梅姬變得愈來愈憤怒，家裡出現大吼、尖叫、哭泣、摔門聲。我們通常選擇的懲罰是伏地挺身。（我沒開玩笑，我跟你說，現在這個女孩很壯，可以立刻趴下做三十下伏地挺身，易如反掌！）

梅姬不只一次淚眼汪汪來找我，只有發生了姊妹衝突，她才會那麼沮喪。

「安妮爲什麼要這麼討厭？她從來不做任何事！我們又要遲到了！爲什麼我要因爲她而受苦？這不公平！」

重點是，梅姬說得完全正確，這根本不公平。安妮有許多優點，但早上的行動能力不是其中一個，至少現在不是，而且在大多數早晨，她完全應該受到責備。身爲媽媽的我，仍期望她有一天會擺脫這個階段，但目前而言，這是我們的現實。

正如我必須經常向梅姬解釋的那樣，因爲人生未必總是公平。「親愛的，妳唯一能控制的就是自己。我知道這不公平，但那就是有時會發生的情況。雖然妳無法決定妹妹的行爲，但可以選擇回應的方式。如果妳讓這毀了一天，就只是傷了自己，而不是傷了她，妳必須選擇克服它。」

十二歲的人很難接受這個道理，而對於成年人來說，那是同樣困難的一課。現實是，壞事在某個時候會發生在你身上，並不是你的錯。有些人會對你不好或利用你，生活中的許多事糟糕透頂而你無能爲力。

到頭來，你唯一可以控制的就是回應的方式，你會讓它毀了你的一天、一個星期或一輩子嗎？或者你會選擇繼續前進？

痛苦、憤怒、怨恨對你無濟於事，它們只會把你生吞活剝。這就像自己喝了一小瓶毒藥，卻希望別人死亡，但是他們不會死！

因此，請選擇對你能控制的事物承擔責任，那就是你自己。即使在最壞的情況下，你仍然有選擇。請拒絕讓別人的行爲與態度影響你的行動或感受，請不要放棄反應方式的選擇權，你仍能選擇喜悅、幸福、寬恕，仍能選擇繼續前進。

除非你允許，否則沒人能將其奪走。

喜悅存在於掙扎

當意外情況讓我們偏離正軌時，我們往往毫無防備而措手不及，很容易傷心欲絕與灰心，不知道如何處理所面臨的障礙或路障，因爲我們尚未爲此做好心理準備。

不過，我可以毫不懷疑地告訴你，人生唯一可以確定的事就是：事情會出錯。

我們都聽說過莫非定律（概念就是「任何可能出錯的地方都會出錯」），但是當事情並非完全按照我們期待的方式發生，或者當我們犯錯或遇到一些重大障礙，我們仍會感到沮喪、驚訝、困惑或憤怒。

我們想著：「這不該發生！」我們同情自己，有時甚至討拍。

不過，爲什麼我們如此驚訝？

壞事會發生，事情會出錯，錯誤會一再重演。人們有時很笨，意外與悲劇會從天而降，路障與障礙會突然出現。然而，讓我們不再成爲所處環境與事情出錯（因爲事情就是會出錯）的受害者，唯一的方法是**停止期望事情順利**。

我們必須停止跟自己說，平坦的路是我們應該走的路；我們必須停止同情自己走的不是平坦的路，因爲現實是**平坦的路並不存在**。

痛苦與折磨從來不好玩。沒有人希望碰到艱辛或掙扎，或者生活變得更艱難。我們不以逆境或出錯的事爲樂，也沒暗中希望發生悲劇或心碎的事。我們眞的不希望感到悲傷、憤怒、沮喪、憤恨。

然而，當大多數人回顧人生最快樂的時刻，幾乎都會發現，這些時刻必然與某種掙扎有關。我們必須奮力爭取的，就是之後最讓人自豪的東西！

完成馬拉松的興奮感與跑二十六英里的痛苦有關，而數個月的累人訓練是爲那一刻的喜悅做準備：所有的水泡、痠痛的肌肉、努力跑步，而不是躺在床上的週六早晨。

完成學位的自豪感與多年的學習有關：爲期末考讀書的那些不眠之夜、爲了理解重要概念所做的努力、所有時間與金錢的投入。

擁有成功事業的滿足感與血淚及汗水有關，而它們無疑是成功的原因：無盡時間的壓力、事情永遠做不完的感覺、必須承擔巨大風險與面對未知的痛苦。

生孩子的樂趣與養育孩子的疲倦有關：照顧嬰兒的不眠之夜、幼童歲月的亂發脾氣、荷爾蒙充斥的青少年時期，還有無止盡的共乘、午餐、洗衣、家庭作業、中間不時發生的頭痛。

掙扎、痛苦和逆境不好玩，但它們確實讓我們變成更好的人，我們在其中學習變得更堅強、更睿智、更謙遜、更有耐心、更有同情心。所有好事都發生在其中，即使當時我們不是那麼認爲。每次失敗都是突破的機會，即使我們不知道到底出了什麼問題或究竟會出現哪些障礙，但有信心知道事情不會按計畫進行。只要我們接受路上這些顚簸是過程的重要一環，就更容易承受這些不順。

我們可以在逆境中堅持自己的觀點，然後度過難關。

踏出一步，再踏出另一步

研究型心理學家安琪拉・達克沃斯（Angela Duckworth）在著作《恆毅力》（*Grit*）中令人信服地仔細敘述，就創造人生的成功而言，堅毅（熱情與毅力的結合）比天生的才華重要多了。[9]她解釋，成就卓越的人未必是最有才華的人，但會是願意拚命努力的人。

我們可能認爲自己處於不利地位，因爲無法獲得與別人一樣的機會，或者一路上遇到更多困難或逆境。我們可能認爲自己不像身邊的人一樣聰明有才華，或是有豐富人脈，但追根究柢，這些事情都不比繼續前進的意願更重要。踏出一步，再踏出另一步，一步接著一步，永不放棄。

我覺得，有時我們以爲這是「非此即彼」的世界：我們聰明，或是不聰明；我們有能力，或是沒能力；我們勇敢，或是不勇敢，這就是心理學家卡蘿・德威克（Carol Dweck）所說的「定型心態」（fixed mind-set），這種心態相信我們的特質不可改變。[10]

當我們以定型心態看待世界，就認爲沒理由更加努力，認爲付出更多心力只是證明自己沒能力。

然而，我們的特質並非不可改變，勇氣從來都不是靠一時之勇，因爲這無關乎你多聰明與多有才華、你的想法多棒與多有創意、你拿到的學位或一開始有多少錢。相反地，你的堅毅、堅忍、努力工作並繼續努力的意願，改變了一切。

在開始之前，你不需要知道一路上的每個步驟，只需要踏出一步，再踏出另一步。請記住，行動是恐懼的解藥，只要你繼續朝著正確方向前進，朝著想達到的目標採取行動（即使該目標只是確定一個目標！），終有一天你會到達那裡。

勇氣就像每天都需要增強的肌肉，勇氣是日常的決定，一步步向前走則是有意的選擇。

這是決定了無論如何都要繼續前進。

因爲沒有任何特質能取代堅毅。

勇氣原則總覽

1. 勇於懷抱宏大夢想

永遠不要懷疑自己的能力，並且知道宏大目標是獲得動力與保持動力的祕訣。

2. 傻瓜才會遵守規則

絕對不要看表面就信以爲眞，勇於爲自己打算，並願意相信自己的判斷。

3. 永遠負責任

你永遠可以選擇回應的方式，請爲你對自身遭遇所做出的回應，負起全部責任。

4. 接受誠實的意見回饋

每個人都需要負責任。請與那些說眞話並讓你變得更好的人爲伍，即使有時眞話逆耳。

5. 沒有錯誤，只有教訓

不要害怕失敗，因爲帶來最大突破的總是我們最大的失敗。好好過生活，不要有遺憾。

6. 平衡被美化了

停止相信自己需要在生活的各方面達到某種神話般的完美平衡，並讓自己自由地全心投入最重要的事情。

7. 持續前進

世上沒有特質能取代堅毅。只要你拒絕放棄，就可以做任何你下定決心要做的事。

Part 3

勇於實踐

Courage in action

你採用一套新的勇氣原則並努力改變心態後，就準備好按照這些原則行事，並應用於日常生活中。真正面對恐懼、克服逆境、創造熱愛生活的唯一方法，就是邁出下一步。

行動是恐懼的唯一解藥。

Chapter 15

宣示目標

如果只瞄準空氣，就只能打到空氣

如果你把目標弄清楚，那麼方法就會出現。

——《成功法則》（*The Success Principles*），傑克・坎菲爾（Jack Canfield）

請想像以下的情況。

你坐在飛機裡，繫好安全帶，準備起飛。你的包包安全地放在前方的座位下，托盤桌已固定，椅背豎直，你還花時間看了穿救生衣的示範並閱讀安全須知卡。你已經做了應做的事，準備好出發。

然後，當你即將起飛時，機長發出驚人的通知。

「各位乘客早安，感謝您的搭乘，我們很快就會起飛，但老實說，我們不確定想去哪裡。我們已經決定要起飛，並將在空中設法解決這個問題。」

這很難想像，不是嗎？

因為這種情況顯然不會發生在現實生活中。每次你上飛機時都知道目的地，更重要的是機長也知道。即使機長一路上必須做一點改變與調整（取決於天氣和噴射氣流），但大致方向明確。機長的工作是確定航行方向，並在一路上做出最佳決定。

儘管我們輕易就會嘲笑搭乘沒目的地的飛機很荒謬且徒勞，但事實上，這是大多數人對待生活的方式：我們只是裝裝樣子，試著在前進時弄清楚，負起日常責任，過著生活。不過，如果我們不清楚前進的方向，就不可能在路上做出最佳決定。

要是沒有目標，我們總是會有點迷失。

這就是設定目標（尤其是學習懷抱宏大目標並設定延伸目標）很重要的原因，我們需要有宏大的目標，才能眞正做大事，讓自己知道目的地。如果沒有目標，我們就只是不停地打轉。

我們在第八章討論到，懷抱宏大目標及設定延伸目標，能讓你踏出舒適圈，激起你的雄心壯志。我們談論了勇於相信自己有更多的能力，勇於超越自己目前的極限來創造讓人驚歎的成就，勇於設定宏大的目標，而它大到讓你感到憂慮或緊張。

因爲那些是能激勵你的目標。

當我們設定讓人感到安全的可實現目標，就會陷入對自身能力先入爲主的觀念。同時也會將就現狀，內心並未受到激勵。因爲這些目標讓人感到自在又熟悉，不需要我們比以往更全力以赴、改變或努力，那就是我們感到無聊並失去重點的時候。我們設定並致力實踐一個讓自己感到有些驚嚇的宏大目標，藉由實踐目標來迫使自己離開舒適圈，踏入未知。

別忘了，當我們感到緊張與憂慮，就表明這是很棒的恐懼，當你需要做一些自認做不到的事，這種自我保護的恐懼就會發揮效果。這就是你希望藉由致力於延伸目標而創造的感覺。

因此，讓我們來談談在生活中實現延伸目標的三個步驟。

第一步：懷抱宏大夢想

如果沒有任何阻礙，你會怎麼做？如果金錢、家庭、教育、工作都不是阻礙的因素呢？如果你處在一個充滿無限可能及沒有限制的地方呢？你會怎麼做？你是否曾允許自己懷抱夢想，不會立即自我設限，也不會在腦中列出該想法完全不可能的所有原因？

大多數情況下，我們受限於當前現實的經驗，很難想像任何不同的情況。我們受困於現在面對的所有責任、限制、挫折、障礙，無法允許自己想像情況可能有所不同，即使短短幾分鐘也無法。我們認爲當前的現實是唯一的現實。

我經常收到許多母親寄來的電子郵件與信件，她們說想要設定宏大目標，但一直忙於生活、養育孩子和照顧其他人，不知道自己的宏大目標應該是什麼。她們想要有宏大夢想，但不知道怎麼著手。

她們擔心一切為時已晚。

不過，我可以向你保證，無論你目前處在人生的哪個時期，一切都不遲。不相信我嗎？

無數知名人物與成功人士的故事，都在人生下半場才展開。

瑪莎·史都華（Martha Stewart）在四十一歲時出版第一本書，四十七歲時成立市值十億美元的商業帝國「瑪莎·史都華生活」（Martha Stewart Living）；喬伊·比哈爾（Joy Behar）原本是高中英語老師，四十多歲時才進入演藝圈；王薇薇（Vera Wang）在四十歲規畫自己的婚禮時，發現眞正適合自己的職業是婚紗設計師；茱莉亞·柴爾德（Julia Child）在五十多歲時，成為第一位名人廚師，而蘿拉·英格斯·懷德（Laura Ingalls Wilder）在六十五歲出版了第一本小說。

不僅名人證明了「開始做一件事，永遠為時不晚」。事實上，我們在為本書做的研究調查中，挖掘了無數女性的故事，她們都在人生下半場鼓起勇氣追求夢想或嘗試新事物，即使她們擔心別人的看法或說法，也擔心已經錯失機會。

舉例來說，謝莉·蒙哥馬利（Cheri Montgomery）在五十四歲決定追求夢想成為護理人員，她是單親媽媽，有三個青少年兒子。她白天有全職工作，於是上護理學校的夜間部，最後以名列前茅的優異成績畢業。

瑪麗．博斯威克（Marie Bostwick）花了四年寫出第一本小說，卻害怕遭到拒絕，於是將稿子塞進抽屜，假裝自己從未寫過。最後，隨著四十歲生日即將到來，她鼓起勇氣將稿子寄給文學經紀人。儘管她遭到多次拒絕，但因爲獲得鼓舞人心的意見回饋，受到了激勵。她繼續嘗試，直到終於找到一位一拍即合的文學經紀人，而她在十四年之間寫了許多小說後，仍熱愛透過寫作影響世界。

艾美．洛夫（Amy Love）想減肥並讓身材變好，但她一向不擅長運動，擔心自己在健身房「格格不入」。她花了好幾週才鼓起勇氣預約諮詢教練，但她終於做了，接著開始固定健身，在她只想逃跑時也持續運動。一年後，她達到這輩子最健康的狀態，而且比以往更有活力與自信。

我可以繼續列出名單，但事實是，無論你目前處在哪個人生階段，自身能力的唯一限制，就是你懷抱更宏大夢想的意願，因此，你應該允許自己開始懷抱宏大夢想而不加以批判或自我設限。請讓自己自由懷抱夢想，不去擔心實踐方法。

我在第八章分享了希望你開始思考的問題清單。

- 我一直想做什麼？
- 我對哪些一直不敢追求的目標感興趣或充滿熱情？
- 如果沒有阻礙，我會怎麼做？
- 什麼事激勵著我，讓我興奮得一早跳出被窩？
- 在生活成爲障礙之前，我夢想著做什麼？
- 五年或十年後，我想過什麼樣的生活？
- 我最終夢想的生活是什麼？它是什麼樣子？

現在，你該認眞讓自己懷抱宏大夢想了。爲了練習，請將計時器設定爲三十分鐘，在這半小時內，請關閉腦中那些立刻告訴你「不可能」、「很愚蠢」或「你以爲自己是誰，竟然有那個想法？」的內在聲音。請將它們關掉並開始想像，別退縮，別擔心可行或不可行，別擔心實現的方法，別自我設限。請給自己三十分鐘的時間來想像最瘋狂的可能情況，即使它們看起來徹底瘋狂與不切實際。

請允許自己懷抱宏大夢想，請完成第一步之後再繼續閱讀。

第二步：集中焦點

一旦你勇於開始夢想一切的可能性，下一步就是集中焦點，而你會希望將選擇範圍縮小到你想實現的一件事。

你必須在第一步停止自我設限與自我批判，這能讓你展開將那些遙不可及的宏大夢想付諸現實的步驟。我不希望你只是因爲一些夢想看似不可能、不切實際，或你不知道如何實現，就排除它們。請先別擔心那個部分。

請看看你在第一步列出的所有夢想，並對自己提出以下問題：

- 爲什麼這個想法讓我感到興奮，或者爲什麼這個目標對我很重要？
- 我想到這個目標或想法時，會感到憂慮或緊張嗎？它會讓我感到害怕嗎？爲什麼會或爲什麼不會？
- 從一分到十分，一分表示沒那麼興奮，十分表示興奮到幾乎無法呼吸，這個目標或想法讓我感到多興奮？

請記住，重要的是不急著完成這個過程，請給自己一些時間，真正思考每個想像出來的宏大夢想或目標，確定其背後的動力，並找出對你最重要且讓你最興奮的夢想與目標。

當你著手練習，並仔細思考自己勇敢想出的宏大目標與想法之後，你最感到興奮與熱中的一件事，很可能就會變得清楚。

當你拿這份清單的每個問題詢問自己，就該開始縮小選擇範圍了。請排除得分低於八分的選項，甚至不要考慮任何不會激起內心強烈熱情與精力的選項。

然後，請從其餘選項找出那個激發你內心最大熱情、興奮、恐懼的目標或想法。哪個選項讓你覺得明顯不安卻奇異地讓你感到振奮？哪個選項讓你覺得無與倫比的重大，可能帶來顛覆的結果，或者會讓你興奮地一早跳出被窩？哪個選項讓你感覺對了？

那就是你的**目標**。

順道一提，如果沒有一個選項讓你有那種感覺，那麼你的夢想可能不夠宏大，或者你不擅長設定宏大的目標。如果是這種情況，你可以做幾件事。

首先，請在其他地方尋找靈感，包括閱讀所敬佩人物的傳記，試著上課（網路課程或面對面課程），考慮與可信賴的朋友、心靈導師甚至治療師聊一聊，來跨過心理障礙。接著，請回到第一步「懷抱宏大夢想」再度練習，並眞正專注於消除自我設限或自我批評。

然後，請查看目前爲止你寫下的所有內容，並試著加強或增加，直到它們變得更宏大並眞的讓你感到憂慮或緊張，也感到一股熱情，而且這股熱情會讓你有些害怕。有時你就是得努力。

第三步：全力以赴

這是見眞章的時候。這個過程的第三步是對這個宏大目標**全力以赴**。請寫下來，大聲說出來，並竭盡所能加以**實現**。

這是眞正可怕的部分！你的恐懼及動機會在這時增強，因爲你已經致力於實現這個瘋狂的宏大目標了。

光是懷抱宏大的夢想並不夠，世上已有許多空想家。選擇了一個目標還不夠，許多空想家只有一個夢想。關鍵在於投入，你必須全心全意投入，對自己與別人承諾你會致力實現宏大目標。

它必須是你起床後想到的第一件事，也是入睡前想到的最後一件事情。它必須是你心中的第一位，而且必須眞實。因爲只有當你全心全意投入，才會有動力更努力、更早起、更晚睡、踏出舒適圈或更努力去做需要做的事。

致力於目標需要什麼？你需要告訴別人嗎？需要告訴很多人嗎？你需要寫在臉書或浴室裡的鏡子上嗎？你需要投入時間或金錢嗎？哪個方法會讓你實現目標？

一旦你全力以赴，就做好了準備並願意竭盡所能，即使那讓人感到害怕甚至變得困難，就在這個時候，你會意識到有些事情值得奮力爭取，但首先必須全力以赴。

對，你可能會害怕，可能會覺得完全不知道自己在做什麼。然而，只要你努力繼續嘗試，終究會想出辦法，即使現在你還不知道是什麼辦法。

成功的關鍵是堅毅與決心，這始於你完全認同目標。你必須致力於自己的宏大目標，寫下來，對任何願意傾聽的人大聲說出來，並加以實現。

一旦它成爲現實，你就難以忽略它，而神奇的情況就會在這時發生。一旦你全心全意實現個人的宏大目標，那麼你必須付出的一切犧牲（包括必須經歷的所有血汗與淚水），都不會讓人覺得是負擔或不合理的要求。你願意去做，知道這條路並非容易，但是很值得。

請你繼續向前，宣示目標，因爲如果你只瞄準空氣，就只能打到空氣。

Chapter 16

找到原因

你非做不可的原因必須勝過恐懼

如果我們的生命有那個原因，就能接受各種作法。

——《偶像的黃昏》（*Twilight of the Idols*），弗里德里希・尼采（Friedrich Nietzsche）

二〇一四年，我成立了菁英部落格學院，教導有抱負的企業家、作家、演說家、工匠、牧師、社會運動家等人，將個人熱情變成可獲利的成功網路事業。之後的幾年間，有全球六十多個國家近一萬名學生上完該課程。

我看著這件事發生，眞的感到很驚奇，但我得說，指導其他企業家與網路業主時，其中一件很棒的事就是看見某個人接受一個想法——通常是別人覺得有點瘋狂的想法，並把它變成實際的東西，無論那是產品、企業，甚至是神職或社會運動，而驚人的轉變就發生了。

有那麼一刻，人們會意識到自己眞正的能力大於原本的想像，我認爲這時最讓人興奮或心滿意足。

換句話說，我近距離觀察這麼多令人驚歎的轉變，他們都有一個相同點會打動我。

他們都有一個比自身更重要的原因（出發點）。

對於珍妮佛．馬克思（Jennifer Marx）而言，這一點千眞萬確。她是單身媽媽，當從事將近二十年的導遊業迅速衰退後，必須找個新的謀生方式。隨著收入驟減，她拚命想找個在家工作的新方式，這樣就能陪伴正深陷困境的女兒。

就在她快要失去房子，每個月欠的債務愈來愈多時，她用最後一張信用卡購買了菁英部落格學院的課程，然後竭盡全力完成課程並發展網路事業。不到一年的時間，她每個月從個人網站JenniferMaker.com賺取超過兩萬美元，不僅償還了債務，還能在這個過程中挽救家庭。

卡洛琳・文索（Caroline Vencil）也是如此，當年僅十八歲的她意外當了母親，覺得自己的人生已經毀掉了。在那之前，她一直夢想著成爲執行長並揚名國際。然而，她爲了結婚而輟學，而且很快又生了兩個孩子。

不過，她認爲開創網路事業是個機會，能救贖自己並爲家人創造更美好的生活。就像珍妮佛一樣，卡洛琳的這個重要原因，驅使她將擁有的一切都投入在完成課程上。幾個月內，她的網站CarolineVencil.com的收益已經超過丈夫的收入，身爲成功公司執行長的她，完全改變了家庭生活的軌跡。

塔莎・阿格魯索（Tasha Agruso）的情況也是如此，她是一個壓力很大的公司律師，花了很長時間在醫療過失訴訟中爲醫師辯護，而她總是想辦法待在家陪三歲的雙胞胎孩子，這兩個奇蹟寶寶是她花了五年多的時間才懷上的。這份工作的薪水很好，但是壓力很大，她想離職。

因此，即使她的日程表上幾乎沒有空檔時間，還是決定放手一搏。她將零碎的時間花在居家布置的個人網站Kaleidoscope Living，而十六個月內，她透過個人網站賺到的錢，多過她擔任律師事務所合夥人的收入。她放棄了合夥人身分，不再執行律師業務，從此再也沒有回頭。

珍妮佛、卡洛琳、塔莎能夠成功創立網路事業，是因爲她們的原因比恐懼更重要。對，她們必須非常努力工作，也必須冒險與嘗試新事物，並且得早起與熬夜。我還敢說，很多時候她們會感到沮喪或想放棄，但她們的原因讓她們繼續前進。

這些故事讓我深有同感，因爲我一開始創業時，我的原因也正是讓我前進的動力。我設定的目標是賺到足夠的錢，讓丈夫查克可以辭職。這個目標如此重要的眞正原因，是因爲我知道他的工作折磨著他。

他很痛苦，我每天看著回到家的他，比前一天更挫折、更沮喪、更筋疲力盡。他覺得自己被困住了。我們的共識一向是其中一個人留在家裡陪孩子，身爲航空工程師的他，當時的收入遠多於我自認賺得到的錢。

這就是激勵我學習關於經營部落格與發展網路事業一切知識的原因，這就是促使我每天凌晨三點（有時更早）醒來工作並持續三年多的原因，這時孩子還在睡，所以我在白天時仍能扮演媽媽的角色。

正是這個原因，讓我繼續前進，即使事情很困難、讓人困惑、讓人沮喪，即使事情出錯了；正是這個原因，促使我跨出舒適圈嘗試讓我感到害怕的事，例如製作影片、上電視節目、參加會議，甚至在會議上發言。

正是這個原因，讓我創業。

如果要激勵自己做困難的事，跨出舒適圈挑戰自己，並在遇到困難時堅持不懈，最好的方法（或許是唯一的方法）就是弄清楚你的原因。這未必會讓事情變得容易，但會讓痛苦變得很值得，那就夠了。

你知道自己宏大的原因嗎？你知道是什麼驅使著你並爲人生帶來目標嗎？你知道什麼值得爭取嗎？你如何利用那種動力達成想要的目標？

找到你的原因之後，其他事情都會變得清晰。

製造催化劑

我與研究團隊針對恐懼做了調查，發現其中一個調查結果是，克服逆境或恐懼的每個故事，都包含克服恐懼的催化劑，這是激勵受試者採取行動的某種**原因**，無一例外。有時促進改變的是某個人，有時是某起事件或悲劇，有時只是有意識地主動選擇。但總有一個**原因**。

我們對這個發現深感興趣。我們意識到每個勇敢的行動都是先有個清楚的催化劑，因此更深入挖掘，看看能不能將這些催化劑進行分類。最後，我們意識到所有不同的催化劑可歸結為五種：

- 創傷、悲劇、生命的重大事件
- 外部機會
- 當責制或鼓勵
- 靈感或教育
- 對現況不滿意，有意識地做出選擇以帶來改變。

催化劑連續光譜

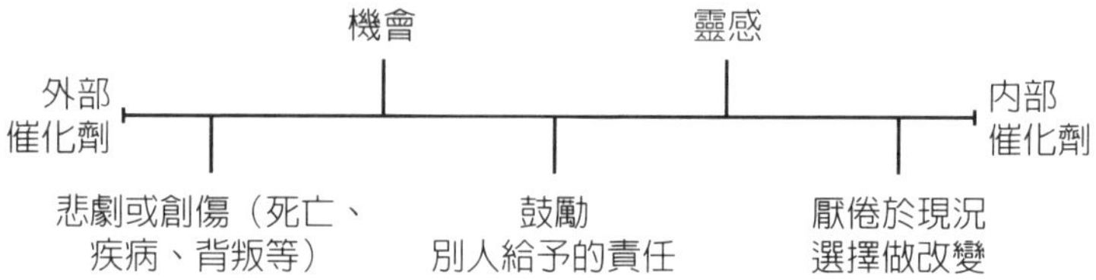

大多數情況下，這些催化劑會分布於一個連續光譜，其範圍包括外部因素（例如完全超出我們控制的情況）與內部因素（例如刻意選擇與我們可以控制的情況）。舉例來說，連續光譜的外部催化劑，可能包括創傷事件或悲劇，這是促使你採取行動的自身遭遇。連續光譜的內部催化劑，就只是有意識地選擇採取行動，不讓恐懼成爲阻礙。

讓事情變得有趣的地方，是位在中間的催化劑，這些催化劑是意圖與偶然的組合、刻意做與碰運氣的組合，不論你手中是哪一副牌，都要放手一搏，而結果就交給老天。這些催化劑包括機會等，它們往往來自外部，但也需要你刻意創造自己的機會。中間的催化劑還包括當責制（可能刻意或不經意發生）、靈感或指示，這同時涉及提供者與接收者。

爲什麼這對於克服恐懼很重要呢？

因爲它顯示我們在製造那些激勵自己擺脫恐懼的催化劑時，擁有的控制權多過於想像。儘管我們確實能控制恐懼，但並非所有人都有意志力或魄力「下定決心」要克服恐懼，而我們可以刻意尋求靈感、當責制、更好的機會。

因此，如果你很難連結更宏大的原因，或者很難找到動力堅持下去或克服猶豫，那麼一開始就實施一些預防措施讓你持續與目標產生共鳴，會很有用。

如果你試著鼓起勇氣創業，那麼製造催化劑的方法可能很簡單，像是每天早上聽鼓舞人心或創業的播客，這會不斷鼓勵你採取行動。如果你想達到減肥的目標，那麼催化劑可能是僱用教練或加入慧優體（Weight Watchers，譯注：美國美體塑身公司），以承擔更多責任。如果你想要升遷，催化劑可能是主動向老闆提出你想承擔更多責任，藉此創造更多機會。

如果這個原因讓現在的你覺得太困難，那就專注於創造一個爲成功做好準備的環境，你可能無法控制人生的每種狀況，但可以控制的範圍遠遠超出你的認知。請實施這些預防措施，製造將會帶來改變的催化劑。

連結更宏大的目標

不久前，我設定目標要在四十歲生日之前達到這輩子的最佳體態。我花了八年專心發展事業，醒著的每一刻幾乎都待在電腦螢幕前。我慢慢看著體重計上的數字愈來愈高，加上不太健康的飲食（多力多滋是主要食物）推波助瀾，我知道一定得做點什麼。

過去，我並不是沒意識到這個問題，也不是沒試過減肥。我試過捲心菜湯飲食法、奇蹟飲食法、消脂飲食法、快速新陳代謝飲食法、腰瘦飲食法等。花哨的減肥方法通常會導致體重迅速減輕，卻必然使人復胖，而我覺得其他方法太複雜耗時了，只能堅持幾天。

因此，我開始告訴自己，拚事業是我的優先事項，而且我沒時間專注於減肥、運動或嘗試健康飲食。我拚命說服自己：體重增加沒那麼糟，而且我的個子很高，變胖看起來不太明顯。

不過，我的內心深處愈來愈感到沒自信，開始避免照鏡子，開始遠離丈夫，不想讓他看到我的身材。我在工作時也停止跨出舒適圈，拒絕媒體曝光機會，避開照相與錄影，不願在社群媒體發布個人照片。

我開始相信自己永遠無法減肥，於是放棄了嘗試。

不過，隨後發生了一些事：我展開一次私人靜思，花了五天閱讀與寫作，反思我的生活與公司發生的事，以及眞正想要的東西。我有幾個重要的頓悟，首先是我的婚姻不美滿，我躲避丈夫在內的所有人，結果我們都過得很辛苦。第二，我的事業發展得不好，公司成功的主要原因是我能與人建立關係且待人眞誠的直接結果，而我不再那樣做了。

有史以來第一次，我意識到自己對身體的感覺與更重要宏大且激勵人心的目標（婚姻美滿與事業成功）直接相關。此外，我將減肥及達到最佳體態的目標，與更崇高的目標連結在一起之後，就能找到堅持下去的動力。

現在，請記住，知道我的**原因**並連結到更崇高的目標，並不會讓減重變得比較容易。即使我不喜歡，仍然得注意飲食的熱量並多運動。我仍然得實施預防措施，例如聘請教練來讓我負起責任，也申請了送餐服務，讓我更容易選擇健康的食物，同時我得選擇不再吃多力多滋。

大多數情況下，這並不好玩，因爲我討厭運動，而且眞的非常喜歡多力多滋。

不過，事情變得艱難時，連結更崇高的目標會讓我繼續前進，它提醒我，我做的犧牲很值得，而我感到的痛苦會得到回報。

你更宏大的目標可能與自身無關，你的動力可能來自對於家人、朋友或深信不疑的目標之責任感或義務感。或許你覺得受到上帝感召，而你的目標是順從上帝旨意。或許你的動機是希望財務獨立，這樣你就能感到自由自在。也許你只是想爲這個世界帶來改變。

將「原因」放在心中第一位

一旦你與更宏大的目標有了連結，至關重要的是將那個**原因**放在心中第一位，並一次次提醒自己什麼是最重要的事。

因爲我們很容易忘記它，尤其是事情變得艱難的時候。

別懷疑，事情會變得艱難！因爲當你追求宏大目標，跨出舒適圈，面對恐懼，或準備做一件非常重要或偉大的事，這正是事情開始變得艱難、棘手、痛苦、非常現實的時候。

對我來說，僅與更宏大的目標連結一次並不夠，我每天早晨都必須提醒自己，減重的目標對我很重要的原因。

我必須記住這影響了我的婚姻，必須想著自己的事業願景，並提醒自己保持良好體態是走上這條路的第一步。這並未讓我比較不渴望多力多滋，但它確實有助於我保持堅強，也幫助我在那些確實屈服於誘惑的時候走回正軌（這比我願意承認的還要頻繁）。

對你而言，這可能是在日記、記事本或辦公室的白板等可以經常查看的地方，寫下原因。或許你需要設一個靈感板（以視覺的方式呈現你的原因），或者就只是張貼一張照片，提醒自己更崇高的目標，也可以像浴室鏡子上貼的讚美文字一樣簡單，是你每天早晨刷牙時都會讀到的文字。以上方法都可以試試看。

關鍵是要確保你竭盡所能地持續與自己的原因連結，並將更崇高的目標放在心中第一位。你應該每天回頭查看這個原因，有必要的話每天多次查看。它應該是你早上想到的第一件事及晚上想到的最後一件事。

這樣一來，當事情變得艱難，你就會擁有一個宏大得足以消除所有恐懼的原因。

Chapter 17 創造行動計畫

將宏大目標分割成可管理的小步驟

沒有計畫的目標，不過是一場白日夢。

——戴夫・拉姆西（Dave Ramsey）

不是每個人都像我一樣欣賞好計畫。

例如我的丈夫。

事實上，我們對提前計畫的態度完全相反。我喜歡知道行程表的安排，而他在待辦事項清單超過兩件事的情況下，就會感到有壓力。

幸好，多年來，我們已經學會容忍彼此的怪癖，找到對彼此都有效的平衡。我堅持週一到週五的嚴密計畫，並努力空出週六與週日做各種可能的事，你可以稱之爲「經過計畫的率性」或是「經過安排的空閒時間」。

爲什麼我要說這件事呢？我主要是想說，在深入了解每個人規畫時間方式的本質之前，擬定計畫並不適合所有人，而且那樣也沒關係。不過，我也知道如果沒準備好周全的行動計畫，大多數人都會在原地打轉。

我們在第十五章談到宣示目標很重要，允許自己自由懷抱宏大夢想，但隨後縮小範圍並眞的致力於一個宏大目標（它會讓你感到恐懼）。而我告訴過你，要擔心的是目標，而不是方法。

話雖如此，一旦你開始懷抱宏大夢想，接著弄清楚自己眞正想要的東西及想要的原因之後，就必須開始思考如何做了。

儘管你可能比較喜歡靈活應變，甚至很擅長這麼做，但如果想要眞正實現宏大目標與夢想，需要周全的計畫。不過，訂定行動計畫時，請記住，爲了確保自己（或配偶）不會抓狂，你需要在計畫中留一些未做安排的時段。

將宏大目標分割成小步驟

這個立下宏大目標，並將其變成行動計畫以圓夢的過程，究竟要如何運作？畢竟，有著瘋狂點子的夢想是一回事，而堅持到底完全是另一回事。一個人究竟要從哪裡著手才對呢？

基本上，制定計畫是將大目標分割成小部分的過程：首先是從「有朝一日」到今年，接著是今年到本月，再來是本月到本週，然後是本週到今天。它從重要的事情開始，然後將其精煉爲每天必須做出的決定與採取的行動步驟，以讓你達成夢想。畢竟，要實現最宏大的目標，不可能一蹴可幾，永遠要朝著正確方向不斷前進。

儘管這聽起來很簡單，而且確實簡單，但讓人驚訝的是許多人從未花時間去做。大多數人都是用「哪件事最緊急？」的心態來過日子，將精力與心力集中在眼前感覺重要與緊迫的事情，未必會考慮這些事情是否適合大局。我們總是很忙碌，但未必有目的地忙碌。

我們的生命中，時間永遠被填滿，總是有事情要做，無論那些是什麼事。對於大多數人來說，每天要做的事情總是太多，時間太少。

某些時候，我們必須選擇。如果我們總是選擇緊迫的事而不是重要的事，就不可能實現宏大目標。如果你眞的很難設定宏大目標，或者認爲不可能實現這些目標，很可能一直陷入一種模式：選擇緊迫的事，而不是重要的事。

當人們覺得那些宏大目標不像眼前發生的危機一樣急迫，覺得回報在遙遠的未來而不是現在，就很難爲這些宏大目標騰出時間，而且它通常涉及困難、痛苦或讓人不愉快的事，這是難以否認的。我們往往會拖延實現宏大目標，轉而選擇當前覺得更重要的事或讓我們立即感到滿足的事。

因此，你必須將大目標分割爲較小的里程碑，再將這些里程碑分割爲更易於管理的小步驟，直到你獲得可行的一系列任務。一旦你完成這些任務，並將它們從清單移除，將能爲你帶來短期的滿足感與成就感，而且你也知道自己往宏大目標更靠近一步，從而獲得長期的滿足感。

舉例來說，如果你的宏大目標是完全無負債，那麼今年其中一個宏大目標就是還清所有信用卡費用，本月的宏大目標就是繳交最低應繳金額，每週的宏大目標是檢視支出，每天的宏大目標是不再吃外食，也不再喝高價咖啡。

同樣地，如果你的宏大目標是成爲暢銷小說家，那麼今年其中一個宏大目標是實際寫第一本書，本月的宏大目標是寫前四章，每週的宏大目標是寫完一章，每天的宏大目標是寫至少一千個字。

如果你的宏大目標是參加馬拉松比賽，即使你目前超重四十磅，那麼今年其中一個宏大目標就是參加第一個十公里比賽，也許本月的宏大目標是一口氣跑一・六公里而不停下來，每週的宏大目標將是遵循「邁向十公里」計畫練習至少三次，而你每天仍得決定跑或不跑。

順帶一提，如果這些目標感覺像是宏大、瘋狂、大膽的目標，那是因爲它們確實是，而這就是重點！如果你寫下的目標不夠宏大到讓你感到有些害怕，那麼在你繼續前進之前，可能需要回頭看看是否可以將目標變得更宏大。請記住，一切都有可能，只有眞正採取行動，才能達到卓越。

你知道這是如何運作的嗎？我們只是選了一個宏大目標，然後將其分割為更可行的小步驟。我們很容易專注於這些步驟，而它們也讓你更接近宏大目標。

時間區塊

當然，談到實現宏大目標，眞正見眞章的時刻就是將每月目標分割成每週可執行的任務清單。

我喜歡使用「每週高手」的特別計畫表來展開每週的計畫，它能幫助我確定本週最重要的一件大事（大重點）及首要的三項任務，這三項任務稱為A任務，是本週絕對必須完成的任務，讓我更能靠近目標。

除了最重要的任務（讓我們更接近目標的任務）之外，因為沒有人的生活能夠脫離現實，所以總有一些事情得做，也就是我們以前覺得比較緊急而優先處理的所有事情。儘管這些任務很重要，但我們應該將它們視為B任務，應該完成它們，但不能損害A任務。

我的一件大事

必做事項

○ ______________________
○ ______________________
○ ______________________
○ ______________________

應做事項

○ ______________________
○ ______________________
○ ______________________
○ ______________________

想做的事

○ ______________________
○ ______________________
○ ______________________
○ ______________________

別人需要我做的事

○ ______________________
○ ______________________

成功的一天是

慶祝方式

重點區塊

(一) ____ : ____ / ____ : ____

(二) ____ : ____ / ____ : ____

(三) ____ : ____ / ____ : ____

(四) ____ : ____ / ____ : ____

(五) ____ : ____ / ____ : ____

(六) ____ : ____ / ____ : ____

請記住，A任務能讓你更接近長期目標！因此，雖然目前看來回覆緊急電子郵件、處理那堆髒衣服或者將晚餐端上餐桌似乎比較重要，但如果你想提高生產力並眞正實現目標，就需要專注於最主要、最重要的任務！畢竟，電子郵件一直都在，而你可以隨時訂外賣，還有只要仍有乾淨的內褲，就不需要擔心洗衣服的事。

然後是C任務，這些是如果你有多餘的時間會想做但未必得做的事，如果有必要，你可以輕易將這些事延後到下週。如果你沒先確定完成A任務，就絕對不該執行C任務。

提醒一下，每週高手計畫表可當作便條紙，我會將其黏到Living Well Planner®的每週計畫表。每週高手計畫表與Living Well Planner，均可在livingwell.shop線上購買。

不過，在塡寫「每週高手計畫表」之後，如果要做週計畫，還需要採取額外一步。一旦你清楚了解必須完成的工作與輕重緩急的順序，就必須在日程表上空出時間區塊，才能實現目標。請記住，我們只做爲之騰出時間的事，如果你不爲最主要的優先事項騰出時間，時間只會流逝。

基本上，這是你與自己相約以完成任務的過程，而且你必須認眞對待這種約會，就像對待日程表的其他項目一樣。

首先，請你爲實際的會面空出時間區塊，也就是那些無法調動且事先安排的事件、會議、責任。

接下來是非常重要的部分，請在日程表上爲所有A任務空出時間區塊，這些任務將讓你更接近宏大目標。請記住，在一開始爲不是非常緊急或緊迫的事情預留時間區塊，感覺會很奇怪。不過，如果你要真正讓「實現宏大目標」成爲生活的優先事項，就必須預留時間給它，然後以保護其他會面或會議的相同方式，來保護這些時間。

爲A任務空出時間區塊之後，你可能也希望爲B任務空出時間區塊，尤其是那些感覺最緊迫的任務。此外，將時間徹底劃分成區塊，一開始可能讓你感到奇怪，但我發現這是最好的方法，可以確保自己掌握所有責任。

以下還有一些要記住的技巧：

- 永遠爲重要任務多留一些時間，多於你認爲自己需要的時間，事情耗費的時間總是多過於我們認爲需要的時間！一開始請預留你認爲所需時間的兩倍。

一旦你變得更擅長預估，就可以將多預留的時間減少到五成以上。

- 如果可以，請試著將每個時間區塊設定爲一至兩小時。研究顯示，這是每次連續工作的最佳時間長度，足以讓你認眞工作，又不會讓大腦無法運轉。
- 每天安排緩衝的時間區塊，這種區塊是未做安排的時段，你可以用來趕上落後的進度或處理當天發生的緊急事件。請記住，如果你的一天愈不可預測，就應該在日程表預留更多的緩衝時間。
- 不要忘了將通勤和準備時間考慮在內。
- 不要羞於爲休閒娛樂規畫時間區塊，例如運動、冥想、看電視、閱讀、家庭時光，或只是未安排的空閒時間。每個人都需要休息一下，而且規畫休息時間可以讓你沒有罪惡感，因爲你知道自己那時沒有「應該」做的事。

如果你要在這些方面取得成功，關鍵是致力並看重與自己的約會，就像你看重對別人的承諾一樣。就像生活中的其他事情一樣，你愈常練習，劃分時間區塊就會愈容易。

日常決定

既然你已經知道將宏大夢想變成小步驟的整個過程，了解規畫時間區塊的祕訣，我眞希望能跟你說，從這裡開始一切都會很順利，畢竟你已經弄清楚想要的東西以及爲了達成目標所要做的事。辛苦的工作完成了，對吧？

不見得。

現實情況是，儘管現在你爲自己提供了清晰的藍圖，或者用現代的術語來說，你已經設定了全球定位系統，但仍得實際開車到想去的地方。

換句話說，你每天都得做出決定，遵循計畫並實際完成工作，專注於最主要及最重要的任務，盡可能提高工作效益。

做出決定未必容易，有時我們眞的不想做必須做的工作，尤其是覺得工作很困難的時候。有時我們陷入了讓人反感的緊急情況，像是需要我們注意的電子郵件、正在運作而需要立即完成的計畫、姊妹的尖酸評論、我們發誓絕對不會關注的家長教師聯誼會忽然爆發的紛擾、每個人都忽然相信的新飲食熱潮，這些都讓人很難繼續專注在宏大目標。

幾年前，我讀了一本書之後，處理日常任務清單的方式就此永遠改變，那本書是博恩・崔西（Brian Tracy）的《時間管理：先吃掉那隻青蛙》（*Eat That Frog: 21 Great Ways to Stop Procrastinating and Get More Done in Less Time*），書名引用自馬克・吐溫的一句話：「每天早上吃一隻活青蛙吧，當天就不會有更糟糕的事發生了。」崔西寫道：「如果你得吃兩隻青蛙，先吃最醜的那隻吧。」[11]

這句引語（及那本書）的要點是，如果你每天一開始先解決最困難（最醜陋）但最重要的任務，就等於做了許多事，即使當天沒有做其他事。

生活步調快，讓我們很容易陷入日常的平淡俗事（雖然這些事很重要）。我們每天大部分的時間都在解決緊急的事並回應別人，而不是主動努力完成自己真正想做的事情。

這樣過生活的主要問題是，我們的意志力會耗盡。每天早晨，我們都有一定的自律能力，而隨著時間過去，決心會逐漸消失。當我們每天一開始關注平凡簡單的事，就會浪費意志力。一早先吃醜青蛙，就能有足夠的精力與自律可以完成事情。

無論哪一天，我們都有困難的事。如果我們認真地實現目標與追逐夢想（無論是什麼夢想），那麼每天都必須選擇做某事，好讓自己往終點線更近一步。

我們必須堅定地確保先完成主要工作，也必須接受一個事實，那就是如果我們不花時間將長期目標放在首位，就**永遠沒有時間或精力來實現夢想**，日常責任將永遠占據我們的時間。

多年來，我一再認識到，養成良好習慣是完成事情的關鍵。我們能培養愈多的好習慣，就有愈多剩餘的意志力及心力來追求夢想。

因此，如果我們能養成習慣，致力於最重要的任務，而且是不假思索地主動這樣做，大腦將開始自動發揮作用，我們也將有更大的自制力來處理B任務與C任務。儘管這美好的不像眞的，但事實上，我們愈常不假思索地這麼做，就能保留愈多的意志力來做重要的事。日常習慣最終將決定我們能完成的事，我們必須把力氣用在對的地方。

因此，爲了提高生產力，實現宏大目標與夢想，你能做到最棒的事，就是保留每天的前十五分鐘來規畫這一天。

我使用Daily Do It™便條紙（可上網在livingwell.shop找到這個產品）來規畫每一天，這些便條紙旨在讓你的一天有個正確的開始，並讓你持續而堅定地去做，這樣你就能專注於最主要與最重要的任務。

Daily Do It便條紙其實是藍圖，讓你的一天富有成效，讓你能夠思緒專注與清晰地確實完成工作，而且完成的工作往往比想像中來得多。我知道每天例行做這個過程似乎有點浪費時間，尤其是許多任務每天都相同時，但我保證它將讓你完成的工作量成倍增加。

如果我們不花時間訂定計畫，最終將在原地打轉。不過，當我們訂定個人日常行動計畫，並將宏大目標分割爲可控制的小步驟，那麼保持在正軌就容易多了。

這就是用我們的日常決定完成大事的方式。

如何利用每日必做事項來規畫一天

我的一件大事：今天你可以做哪件事來讓其他事情變得更容易？這件事應該是你當天的重點。請確保你選擇的任務反映了這個重點。

必做事項：這些是你的A任務，可以讓你往宏大目標更近一步。請將它們放在清單第一位，這樣一來，你就一定會爲它們騰出時間。

應做事項：這些是你的B任務，是必須完成的任務，但未必與你的宏大目標有關。

想做的事：這些是你的C任務，如果你有時間會想做的事，但如果做不到的話，也不會感到太難過。請注意，不要將任何A任務放在這裡！

別人需要我做的事：這個部分包含來自別人的任何請求，像是別人要求你執行的任務，但你當天未必有時間做這些事。

成功的一天是：你將如何衡量一天是否成功？你覺得發生什麼事會讓你覺得這一天很成功？是哪一件特定的事？或者成功的一天就只是設法整天保持專注？請提

前設定你的目標，這樣一來就有明確的標誌來表明成功。

慶祝方式：你將如何慶祝勝利？慶祝會讓你持續對生產力感到活力充沛及興奮，並提醒你，自己正在進步，請務必選個方法來獎勵自己！

我的一件大事

必做事項

○ ______
○ ______
○ ______
○ ______

應做事項

○ ______
○ ______
○ ______
○ ______

想做的事

○ ______
○ ______
○ ______
○ ______

別人需要我做的事

○ ______
○ ______

成功的一天是

慶祝方式

THE DAILY FOUSE SHEET ©copyright 2018

Chapter 18

成立真理俱樂部

請與那些能讓你變得更好的人為伍

如果你與雞群為伍，就會咯咯叫。如果你與老鷹為伍，就會展翅飛翔。

——史帝夫・馬拉博利（Steve Maraboli）

我一向立刻就知道對方是不是「同道中人」。在最親密的朋友面前，我永遠都能表現出極為眞實的那一面，誠實而脆弱，從不擔心受到他們評判，而他們也從不害怕與我深入交流。

我通常能立刻看出對方是否為同道中人，但未必總是如此。舉例來說，我和朋友葛麗（Gry）幾乎是瞬間產生共鳴：我們參加了一場小型研討會，當她一舉手說出我正在想的確切內容時（當時不太受歡迎的看法），我就知道她和我注定會成為朋友。最後，我延長了旅程，睡在她的旅館房間，就為了一起出去多玩一天。

我們度過了非常快樂的時光，然後分道揚鑣，雖然我們來回傳了幾封簡訊，但直到一年半後，我碰巧去了她住的紐約市，我們才眞正見面聊天：我發簡訊問她是否有空一起吃午餐。她有空，結果我們從午餐聊到下午茶，接著到了傍晚的歡樂時光，最後又共度晚餐。

就在那時，我眞的知道她是「同道中人」。因為就算好幾個月或好幾年沒聊天，最好的朋友見了面還是可以彼此暢談，彷彿昨日才聊過。

不過，我愛葛麗是因為她會直截了當地跟我說我是白痴，說我必須下定決心做出改變。她不怕做自己，也絕對不怕說出別人不敢告訴我的那些難聽話，而且我自認也會這樣對她。

我與朋友蘇西（Susie）則不是立刻產生共鳴。蘇西有著金髮白膚碧眼，個性甜美，是我見過最有活力與最正面的人。她最喜歡參加派對，我承認初次見到她時，以爲她是笨蛋，以爲我們之間沒有任何共通之處。

後來，我們在一場晚宴上坐在彼此對面，開始聊起我們的童年，聊到成長過程中有個罹患精神疾病的母親。這場對話很深入，不加掩飾，讓人無法招架，我很快意識到自己完全看錯了她。

結果證明，蘇西很聰明。不僅如此，她的活力與正面態度毫不膚淺，而是辛苦努力的結果，得之不易。蘇西克服了貧困、無家可歸、遭到第一任丈夫家暴的問題（大多數人很容易被打敗），並拒絕放棄或找藉口。

還有蘿拉（Laura），我與她見面之前就知道她是我的同道中人。她、葛麗和蘇西是親密好友，葛麗與蘇西都跟我說，我需要見見蘿拉，她們對她說了同樣的話。當我們終於見面時，感覺就像早已經是朋友。

這三個女人全都聰明、有趣、眞實，她們組成我的「眞理俱樂部」。她們會爲我加油，並要我負起責任。她們不怕跟我說我錯了，但如果我做對了，她們也會讓我知道。她們讓我開懷地笑，也讓我哭泣流淚，但她們始終保持眞實，不僞裝，不裝模作樣，不吹牛，只有眞實、脆弱、誠實，並渴望督促彼此克服恐懼，這樣一來，我們才能變成最好的自己。

我們每隔幾個月見面一次，度過爲期三天的策畫時間，我們每個月透過電話會議開會一次，藉此檢視並要求彼此負責任。我們固定互傳簡訊，有時是給予鼓勵，有時是尋求建議，但始終提供支持。

我非常感謝這三個女人及多年來與我深交的眞正朋友。我喜歡生命中有人無論如何都願意告訴我實話，此外，隨著年歲增長，我更加意識到生活中擁有這種人際關係何其寶貴，這種友誼並不是泛泛之交，而是培養眞正的當責，這種人際關係讓你相信自己能做到更多的事。

近朱者赤，近墨者黑

作家兼企業家吉姆·羅恩（Jim Rohn）說過，我們是自己最常爲伍的五個人之平均水準。⑫雖然這樣說可能有些誇大，但事實是我們的友誼與人際關係確實對生活方式造成巨大影響，無論我們是否意識到這一點。

我們從很年輕時就有融入人群與循規蹈矩的壓力，而且這種壓力從未眞正消失。我們以某種方式打扮，以某種方式交談，參加某些活動，觀看某些電視節目，吃某些食物，爲某些運動隊伍加油，喜歡某些名人，開某些車，以某種方式投票，在某些商店購物，閱讀某些書籍，討論某些話題，因爲我們身邊的人正在做同樣的事情。

我們以爲自己做了選擇，但眞的是如此嗎？如果我們忽然離鄉背井，落腳在一個與目前所在的社區完全不同的地方，我們的品味會改變多少？

去年，我和丈夫搬回我的家鄉、華盛頓州的林登（Lynden）一年，以便能與當時剛被診斷出罹患失智症的母親住得近一些。林登的人口主要是荷蘭移民的後代，這個小鎮風景如畫，看起來古色古香得讓人難以置信。我在這個小鎮長大，從未眞正注意到這個地區特有的微妙社會規範與行爲，但我的丈夫查克是外人，他確實注意到了。

舉例來說，每當你在林登認識陌生人，都必須「建立關係」，這個過程有時被稱爲「荷蘭賓果」，你會弄清楚對方的家人，找出他們與你之間可能的聯繫，無論是透過教堂、學校或家族關係。查克總是覺得奇怪的是，陌生人之間會有某些聯繫，例如對方岳父搬走的表弟與其姨婆的小姑結婚（諸如此類的關係！）。

我們在那個小鎮住了一年，還注意到其他事情：當地許多媽媽有非常獨特的穿搭方式，她們彼此風格相似，但與佛羅里達州媽媽的穿著風格大不相同。在這裡，週日沒人修剪草坪，聊天主題往往圍繞著體育。並非每個人都有意試著遵循規範，但這裡有種非常獨特的文化，你在這裡生活時會不禁受其影響。

的確，林登的獨特之處在於大多數居民一生都住在這裡，許多家庭世世代代都住在這裡，讓它在某種程度上成爲封閉的社會。雖然大多數的社交圈同質性不高，但確實發展出自己的一套規範。

只要你確定（無論有意識或無意識）自己想要遵守的規範，那未必有什麼不對之處。

如果你的同事表現得消極，缺乏動力，或是公司文化充滿諸多抱怨與八卦，那麼你可能會在某個時候發現自己也變成那種模式。如果你常去的健身房裡的女性看起來比較像準備走伸展台，而不是準備使用跑步機，那麼你可能也會開始在運動服裝投入更多心思。如果你的教會裡每個人都在說「基督語言」，你可能也會開始講這種話，甚至沒意識到這件事。如果圈子裡的家長們著迷於讓孩子進入「正確的」大學或「正確的」俱樂部足球隊，你可能也會這樣做。

如果你身邊的人沒有成長的思維，如果他們對於跨出舒適圈、嘗試新事物或設定宏大目標不感興趣，那麼你很難找到動機在生活裡這麼做，至少很難持續。

所以解決方案是什麼？你應該拋棄所有的朋友，轉而選擇更好的朋友？你要拋下配偶與家人？當你仍得在舊文化中生活，如何在周遭建立新的成長文化？你要如何擺脫可能阻礙你的社會規範又不破壞所有人際關係？

這並非像你認爲的那樣不可能。

找到你的那群人

鄭重聲明，我不認爲拋棄家人與所有朋友是正確的解決方案。話雖如此，如果你意識到目前圈子的社會規範可能阻礙你，讓你無法探索全部潛能，或者讓你陷入不想再面對的模式，那麼你可能必須擴大圈子，或是仔細選擇分配時間的方式。

我向你保證，世界上有一些人會是你的同道中人，你會覺得與這些人之間有著緊密的聯繫，你可以在他們面前展現眞誠的那一面，他們會督促你變得更好，而且不怕在需要的時候要你負起責任。世界上有人等著像你這樣的人讓他們的生活變得閃亮豐富，就像他們也能讓你的生活變得閃亮豐富。

但你必須找到他們。

這代表你要跨出舒適圈，離開認識或往來的人以結交新朋友；或是與不太認識的人接觸，但對方可能是你仰慕或崇拜的人。這也代表你要嘗試新活動，例如上課，參加研討會，在臉書社團或網路論壇建立人脈，加入讀書俱樂部或商會，或找個像Doing It Scared這樣的會員社群（你可以在doitscared.com找到這個社群）。

我知道這一切剛開始都會讓人感到害怕，尤其是如果你一輩子都待在同樣的小圈子。不過，我保證隨著時間過去，這會變得比較容易，而且一旦你敞開心胸，願意結識新朋友，你會很驚訝合適的人開始出現在生活中。

這就像你正在考慮購買新車，最近我剛好碰到這個階段，我做了研究，讀了評論，想了很多自己想要的東西，最後將選擇範圍縮小到兩個車款：福特Explorer與林肯MKC。

我考慮購買新車之前，從未注意過汽車。五年來，我和查克分享同一輛汽車，每個地方幾乎都是他開車載我前往。不過，一旦我想著買車，出門在外時，就只看到汽車，而且最常注意到福特Explorer與林肯MKC，感覺去哪裡都會看到它們！

這是否代表路上突然湧入許多福特汽車與林肯汽車？工廠是否有某種生產過剩的危機，剛好與我購買新車的欲望同時發生？

當然不是。

我到處都看到那些特定的車輛，是因爲我的大腦被調整到看見這些車子，認識人們也是一樣，當你確定要尋找的朋友類型，你的大腦就會連結到看見這些機會。

有時候，你只需要從設定目標開始。

如何促進眞正的當責

不過，一旦你找到同道中人，該怎麼做？如何加深那些人際關係，創造有意義的對話，促進眞正的當責，就像我們在第十一章談到的那樣？實際上，你該如何建立自己的眞理俱樂部？

首先，你要找到至少一位值得信賴的人，他可以提供你所尋找的當責與支持，並願意接受同樣的當責與支持。你可能想與生活中不同領域的許多人建立這種關係，例如你希望某人從事業的角度要你負責任，但還希望對減肥、成爲更棒的父母或加強精神生活負起責任。

舉例來說，除了眞理俱樂部外，我還有其他幾位親密的朋友，他們以不同的方式提供當責。我的孩子與邦妮（Bonnie）的孩子讀同一所幼兒園，我從那時結識了她，兩人定期共進午餐，誠實討論經營公司與當母親的挑戰。我與朋友愛莉莎（Alysh）從小學六年級就認識了，比起其他人，她總是能以更宏觀的角度看待問題。我的朋友艾迪（Edie）比較像是精神導師，鼓勵我更深入思考信仰的事。蘿拉與海瑟（Heather）是我的朋友，也是行政團隊的同事，幾乎每天都在工作時挑戰我。

對我來說，每段人際關係都很珍貴，而且都帶來當責，儘管方式截然不同。這些人際關係讓我保持務實，維持正確的方向，而這些友誼刺激我變得更好，並朝著想要的方向前進。

不過，當責夥伴關係不必僅限於一對一的關係。你也可以加入或創立個人的當責小組，例如事業智囊團、運動小組、寫作俱樂部或聖經讀書會。當責制小組通常更正式一些，它們可以成爲你與具有成長心態的人培養更多個人關係的好方法。

請記住，建立當責夥伴關係的關鍵（無論是一個人還是一個小組）就是找到與你一樣致力於這個想法的人，他以成長心態行事，並且就像你希望在生命中創造變化與轉變一樣，他們眞誠希望看到生命中發生同樣的變化與轉變。

以下是在人際關係中培養眞正當責的更多技巧：

敢於脆弱

如果你戒心十足，或試著展示經過修飾而無法準確呈現內心感受的自己，那麼當責制無法發揮作用。儘管這可能是你向全世界展示的盔甲，但你必須在信任的人面前放下戒備，承擔責任。

請記住，你覺得壓力大、情緒激動或筋疲力盡的時候，特別容易有戒心，會想保護自己或躲在面具下，這是當責制讓你覺得最可怕的時候，因為即使是最溫和的意見回饋，也會讓人覺得是嚴厲批評。

優秀的當責夥伴至少能看出你何時穿上盔甲或躲在一般防護下，他們將鼓勵你克服這種本能並掌握事情的核心。

建立一些基本規則

並非每位當責夥伴的關係都必須變得正式，但建立一些基本規則以確保每個人都意見一致，並且對於提出某個反對意見或自己的意見遭到反對時感到自在，這不是壞主意。

眞理俱樂部的基本規則可能包括保密（這一點有時確實需要說清楚），以及何時適合提供意見與何時應該傾聽的準則。你的基本規則可能還包括要避免的詞語或是偏愛的溝通方式。

弄清楚目標

如果沒有一個可讓人擔起責任的目標，就很難提供當責制，因此請確保眞理俱樂部的成員清楚知道分享個人目標的重要性，並且你不只要勤於了解自己的目標進展，還要了解當責夥伴的目標進展。

因此，你可能得在每次見面時重申目標，或者將目標公布在某個地方，例如共享的Google文件、Dropbox資料夾，甚至文字串。

規畫時間

我們很容易偏離正軌，也很容易避免激烈的對話，因此爲了充分利用當責時間，請務必在一開始就設定一些目標。你最想獲得什麼結果？你想幫助自己思考什麼事情？你需要別人督促你往哪個方向前進？你需要在哪個方面得到鼓勵？

提出這些類型的問題能有助於定調，消除藉口，並展開對話。

定期聯絡

對於大多數人來說，生活有時會變得很忙碌，當事情變得瘋狂，受到嚴重影響的總是我們的人際關係。因此，你如何讓這種當責夥伴關係成爲優先事項？你可能希望在日程表安排定期約會，或者堅持每週或每月聯絡一次（視情況而定）。

我與朋友邦妮總在道別之前約好下次共進午餐的日期，因爲我們知道如果不這麼做，那麼下次共進午餐就會是好幾個月之後的事。同樣地，我的眞理俱樂部爲每月通話訂了固定的日期與時間，並提前幾個月將每次爲期三天的策畫會議列入日程表，確保每個人都騰出時間。

提出問題並反對

當責制最重要的是，能夠並願意提出讓人深思熟慮的犀利問題，並在必要時提出反對意見。因此，當某人的行動方式與目標或信念不一致時，你會批評對方，或是當你看到別人因受限的信念而退縮不前，就會推他們一把。

這是當責制可能讓你感到不自在的地方，因爲這是我們離開舒適圈並進入未知領域的地方。那有點可怕，但也是重點，因爲每個人都需要眞正地負起責任。

因此，快成立你的眞理俱樂部吧，盡力去發現你的那群人，然後與那些讓你變得更好並激勵你採取行動的人們爲伍，這可能是你做過最重要的事。

Chapter 19

停止比較

創造你喜愛的生活，而不是別人想要的生活

「比較」是偷走快樂的竊賊。

——老羅斯福（Theodore Roosevelt）

每年三月初開始，我們開放菁英部落格學院一年一度的公開註冊，爲期僅五天。我們歡迎新加入的學生，他們準備將熱情轉變爲全職工作。最初的幾個星期，他們都非常熱情，每個人的起跑點一樣，有著完全相同的任務。每位入學的學生都充滿了腎上腺素來面對全新事物，而這股活力讓已經畢業的學生不禁感到振奮，空氣中充滿無限可能的氛圍。

這太有趣了！

不過，約莫在四月中旬，最初的活力、興奮、熱情會開始減弱，因爲現實是建立任何一種成功的盈利事業都需要付出許多努力，發展網路事業也不例外。沒錯，未來有無限可能，但我們仍需要付出很多心力，而學生必須專心地確實去做：做自己的工作，爲自己的事業，按照自己的步調。

大多數學生會明白這一點，至少最後會。他們開始按照個人方式完成課程，一次一堂課，按照個人步調進行，而課程的設計是讓每個單元都建立在前一個單元的基礎上。最終他們是成功的學生，儘管對一些人而言，這段旅程比別人的旅程漫長多了。

不過，總是有少數幾個學生忍不住沉陷在別人做的事情裡，他們在這個過程中開始比較自己的想法與別人的想法，並自我懷疑。他們注意到有些人上課的速度比較快，開始認爲自己落後了。他們不再將焦點放在工作與課程爲他們規畫的明確道路，而是在其他地方尋找答案，包括閱讀關於經營部落格的每篇新文章，在網路論壇及臉書社團不停地聊天，聽數十個播客，同時參加多個網路課程，而這些都是爲了減輕他們擔心漏了某些東西的恐懼。

在這些分散注意力的過程，他們得到太多相互矛盾的建議，導致實際上優柔寡斷而動彈不得。他們花了許多時間觀察周圍的人，以至於無法專注在自己的工作。

這些是陷入困境的學生。

無論你是想創業、管理房屋、獲得升遷，或者只是創造喜愛的生活，「比較」都是巨大的陷阱，它會吸引你而且讓你無法逃脫。

面對現實吧，如果有許多機會分散你的注意力，你就很難專注於自己的道路。社群媒體不斷提醒我們沒做的事以及可能錯失的事。我們比較工作、服裝、汽車、房屋、地位，更別提育兒技巧、社交生活，甚至是人際關係。

無論我們在某個領域表現得多好，總是有別人做得更優秀，或者在該領域以及其他領域都表現出色。

然而，就像菁英部落格學院的那些學生一樣，我們愈是看著周圍的人在做什麼，愈愛比較自己與周圍人的進步，我們在生活中創造的成功就愈少，而且會愈不滿意。

「比較」會引發不滿情緒，最終我們不可能獲得勝利。雖然如此，有個方法可避免讓很多人掉進「比較」的陷阱而失敗。

知道自己眼中成功的模樣

我認爲，「比較」很邪惡的最大原因，是它不會發生在公平競爭的環境。你想要的東西及眼中的成功，是你獨特的目的地。你做比較的對象往往經歷截然不同的旅程，對方有著不同的規則及目標。

如果你的最終目標不是擁有雜誌裡的那種漂亮房屋或開一輛凱迪拉克凱雷德（Escalade），而那是你朋友的主要目標，那麼你拿自己、房屋或車子與對方比較，有什麼意義？如果你對升遷不感興趣，也沒興趣在商界出名，爲何你會怨恨有這種興趣的妯娌？如果環遊世界並未激發你的熱情，那麼爲何每次聽到別人的冒險經歷時，你會覺得自己能力不足？

你的旅程就是你的旅程，如果你想要創造自己熱愛的生活，就要確切認清你認爲最重要與最有意義的事物，並理解你認爲重要與有意義的事物將會不同於別人的，反之亦然，而那都沒關係。

除了你自己，你不必向任何人證明。

此外，你不必向別人證明或解釋你的目標正當性，也不必改變你的夢想以符合別人的理想。這是你的旅程，如果它對你有效，那就夠了。

當然，這裡的關鍵是你完全知道自己想要的東西，並確切弄清楚自己眼中成功的模樣：那是你熱愛的超棒工作嗎？有許多空閒時間陪伴家人或者能留在家裡陪伴孩子？無債務或者還清房貸？更大的房子？更好的車？搬到更棒的社區？與你最關心的人建立更深入且更有意義的關係？減重或者變得健康？創業？賣掉擁有的一切，買一艘船並航行於世界各地？或是對正義、減輕貧困或改善環境充滿熱情？或是渴望敬愛與侍奉上帝？

你最想要什麼？對你、配偶和家人來說，創造你喜愛的生活是什麼樣子？因爲到頭來，必須過著那種生活並**接受**的人是你。

這就是爲何將自己與別人做比較是賠本生意，因爲當你做比較，就是在比較自己的路線與別人的路線圖，唯一可能的結果就是迷路。

如果你要避免這種「比較」陷阱，基本的第一步必須是完全弄清楚自己最想要的事物、優先事項、必須採取的道路。

幸好，這是我們已經討論的過程。你瞧，這發生在你宣示目標並專注於宏大目標的時候，而當你找到自己的原因（出發點），並確定該宏大目標背後更深層的含義，它就會變得更加堅定。所以，你的行動計畫就是你的路線圖，也是你想抵達目的地就必須遵循的道路。

專注一心

儘管我們已經努力制定該行動計畫，儘管你已經有了可遵循的路線圖，但事實是，讓人分心的事無處不在。制定計畫並非難事，然而，集中精力，專注一心，相信計畫，然後眞正去做，才是困難之處！

採取行動，貫徹到底，不讓自己分心或被引入歧途，始終是困難之處，因爲相信一個可能行不通的計畫，會讓人非常害怕。不過，我再說一遍：行動是恐懼的解藥，許多人從未意識到的成功祕訣是，只要你一直朝同一個方向小步前進，最後就會達到目標。

對於大多數人來說，問題不在於他們選擇錯誤的道路，而是每當他們聽到新的想法或受到別人的所作所爲影響，就會不斷地跳到另一條路。他們沒在某個方向產生衝勁，而是繞圈打轉或來回搖擺，從未眞的抵達任何地方。

這正是發生在菁英部落格學院一些學生身上的事：他們花費所有的時間比較自己與別人的進步，挑選他們想做的功課，或是試著去做每個人說的每件事，無論那些事是否適合他們所在之處或想去的地方。

如果你不願全力以赴，不願專注一心，不願相信計畫，不願眞正去做，那麼不管你的目標是什麼，前述的事情都會發生在你身上。

思考一下吧。

假設你目前的最大目標是還清房貸與信用卡費，並完全無負債。幾個月來，你做得很好，已經不再吃外食，好一段時間不再購物，一步一步減少支出。

不過，接著……人生瞬息萬變。你開始看到朋友在社群媒體發布的所有有趣東西，包括度假、新衣服、城市裡在外玩樂的夜晚。你開始感到有些嫉妒，開始左顧右盼，你先前覺得重要與值得實踐的宏大目標變得沒那麼重要，也沒那麼值得去做。你想念玩樂，並慢慢地開始退回老樣子，喝高價咖啡，買新衣服，晚上在最愛的餐廳固定約會，直到某一天才意識到自己已回到起點。

無論你的目標是什麼，相同的故事以各式各樣的方式上演：最初的時期充滿熱情與活力，讓人覺得興奮新奇，你在這個階段感到精力充沛，就像沒有任何東西能阻擋你，這是一開始跨出舒適圈所激發的腎上腺素，讓人感到振奮。

不過，這不會永久持續。

因為接下來是混亂的中間階段，也是變得真實的階段，或許會讓人痛苦，需要辛苦工作，往往一團混亂，讓人沮喪，讓人疲憊，但也完全必要。

因為這個階段很辛苦又痛苦，人們也會在此時開始四處尋找更輕鬆、更有趣、更讓人興奮的東西。他們將目前所處位置（混亂的中間階段）與那些已經完成工作並抵達另一端的人做比較，或者將他們的情況與那些處於充滿活力與熱情的第一階段的人做比較，而且還想回到那裡。即使這代表從新事物開始，而且從未眞正達到任何目標。

根據不同的目標，混亂的中間階段可能會持續很久，可能長達數週、數個月，甚至數年。這需要你的堅定決心、毅力、勇氣來度過這個階段，並願意專注一心，遵循計畫，執行需要完成的工作。

最後一個階段是成就，這是你完成辛苦的工作，產生影響，從出色表現獲得回報的階段。可惜的是，不是每個人都能進入這個階段，因爲太多人在混亂的中間階段受困惑而感到沮喪，並一再決定從頭開始。

請別成爲那種人。

一旦你將目標擺在眼前，而且計畫準備就緒，就專注一心，停止左顧右盼，停止比較。請相信這個過程，並了解這個過程應該很艱辛。如果這個過程很輕鬆，那麼每個人都會去做。

請記住，最偉大的成就是你必須努力才能達到的。

練習感恩

提到擺脫比較的陷阱，無論我們處在這趟旅程的哪個階段，都有個更重要的步驟可以產生巨大的影響。

那就是練習感恩。

花時間思考你要感恩的事，最能讓人感到謙卑或有洞察力。日常生活中，「比較」總是會導致不滿，讓我們對於擁有的事物、已經達到的成就或現在所處的位置不滿意。並非所有的不滿情緒都不好，有時我們就是需要被這種情緒輕推一把，來鼓勵自己面對恐懼或做出改變，但我們與別人比較之後感到不足而產生的焦慮，通常不是好事。

不過，感激之情能扭轉一切。

我們專注於擁有的事物，而不是專注於缺乏的事物。我們爲一路上實現的小小里程碑而慶祝，而不是為了尚未達成的事情自責。我們不僅期待即將發生的事情，也回頭感謝一路走來的點滴。

我們無法永遠掌控發生在自身的事或別人對待我們的方式，但我們確實能控制自己的回應方式。持續練習感恩的態度，就是避免受害者心態，且不再覺得別人做得比較好的最佳方法。

勇氣就像肌肉，你多鍛鍊一次，它就會變得更強壯一些，感激也是如此，你練習的次數愈多，感恩就會變得愈容易也愈自然，最後成為你個性的一部分。

不過，練習感恩最棒的地方是什麼呢？那就是它會帶來立即的幸福感，因為當你專注於要感恩的事情，幾乎不可能感到不滿。

創造喜愛的生活始於欣賞自己的生活。因此，請停止比較，創造你喜愛的生活，而不是別人想要的生活

Chapter 20

別再找藉口

別為自己找脫身的方法，而是要努力前進

我將自身的成功歸功於此：我從來不找藉口或接受藉口。

——《南丁格爾的一生》（*The Life of Florence Nightingale*），

佛蘿倫絲・南丁格爾

我的朋友蘇西・摩爾（Susie Moore）非常活潑積極，你絕對不會知道她一出生就面臨不利的條件：她在貧窮中長大，接受英國政府的社會救濟，母親罹患精神疾病，酗酒的父親經常不見人影，有時一消失就是數個月或數年，蘇西的生活充滿了變數。

她與家人總是在搬家。情況好的時候，他們能設法透過政府資助的計畫找到住處，而情況糟糕的時候，他們住在遊民庇護所。小時候，蘇西對家裡的許多事情感到羞愧，她記得曾試著隱藏自身處境的詳細狀況，不讓老師與同學知道。

不過，她在青少年時期偶然發現《大膽思考的力量》（*The Magic of Thinking Big*）這本書，其中一章〈治癒導致失敗的藉口症〉解釋「藉口症」是導致失敗的疾病，如果她想在人生中獲得成功，就必須永遠治癒這種病。從那一刻起，蘇西發誓這輩子都不要找藉口，並拒絕讓自身環境來決定自己的人生。

她做到了。

儘管她沒有接受過正規教育，但先去了澳洲，後來又到美國，並建立極度成功的企業銷售職涯，在名列《財富》（*Fortune*）雜誌世界五百強的一家公司工作，薪水高達六位數。儘管大多數人會就此滿足，但蘇西知道自己的成就注定不僅止於此，她後來離職，創立了人生教練與激勵公司。

如今，蘇西是暢銷書《下班當老闆：15個步驟教你賺更多，打造財富自由、時間自由的理想生活》（*What If It Does Work Out? How a Side Hustle Can Change Your Life*）的作者，激勵成千上萬的人像她一樣過上最美好的生活。⑬

這全是因爲她拒絕找藉口。

儘管艾迪．華茲沃思（Edie Wadsworth）成長於距離英國遙遠的美國阿帕拉契（Appalachia），但她的成長之路與蘇西相似，並在出色的自傳《所有的美麗事物》（*All the Pretty Things*）⑭裡，透過讓人心痛的細節分享人生故事：艾迪有個酗酒的父親，家境赤貧，她經常挨餓，生活不穩定。

艾迪沒有能效法的眞正榜樣，並生長在有酒鬼、瘋子、罪犯的家庭，可能很容易落入同樣的模式，畢竟這是她所知的一切。不過，就像蘇西一樣，艾迪很早就決定不要找藉口。

這個關鍵時刻發生在她八、九歲時，當時她想參加啦啦隊的選拔，而她的母親付不起體操課的費用，因此艾迪向操場上其他參加體操課的女孩學習，她大量練習，結果表現優於其他人。在啦啦隊舉行選拔賽時，艾迪知道自己能加入啦啦隊，因爲她的翻騰技巧比其他人都優秀。

然後，正如她解釋的那樣：「最後我沒獲選，而原因……我不知道自己當時是否完全意識到這一點，但我就是那樣的孩子……你可能認識：他們沒穿適合的衣服，看起來像是沒得到適當的照顧。你看著他們，然後說『哦，她心地善良，我眞希望能帶她回家』。嗯，我就是那樣的孩子，沒有合適的鞋子，沒有合適的衣服，不是來自正確的家庭。」⑮

當艾迪沒獲選，一些看了選拔賽的父母非常憤怒，他們說服教練改變主意。不過，當教練隔天登門拜訪，提供加入啦啦隊的機會時，艾迪的媽媽拒絕了，並告訴教練，如果她無法在一開始就認可艾迪的才華，就沒資格要她加入啦啦隊。

正如艾迪所解釋：「當時年幼的我告訴自己，他們將永遠無法再拒絕我，我會變得很棒，我會比任何人更努力，他們將永遠無法再拒絕我。」⑯

從那時起，艾迪比任何人都努力，以優異的成績畢業並進入醫學院就讀，接著成爲家庭醫師。然後，她跟蘇西一樣，最終離開了穩定的工作，創立自己的事業；她先帶著兩個最年幼的女兒在家自學，最後創辦了極度成功的事業。

蘇西與艾迪原本都能輕易讓自身的劣勢決定人生，而且沒有人會責怪她們，社會將放過她們。畢竟，社會怎麼可能期望一個人克服這種赤貧與家庭失能的狀況？這不是她們的錯，她們只是自身環境的受害者。

然而，蘇西．摩爾與艾迪．華茲沃思都拒絕將自己視爲受害者，並且拒絕爲自己找藉口。她們的決心與克服環境的魄力，都始於她們有意識地決定不再找藉口。因爲這確實是唯一的方法。

請了解，你唯一掌控的只有自己

我的孩子就讀的學校要求她們穿制服，我深深感謝這項政策。我的孩子曾在一所不必穿制服的學校讀了一年，服裝的日常戰爭足以讓我永遠支持制服！

不過，即使學校實施相對嚴格的制服政策，我的女兒梅姬仍然對服裝很挑剔。她在特定日子會穿特定顏色，選擇完美的蝴蝶結髮飾與鞋襪來搭配儀容，並爲此感到自豪。一學年開始時，我訂購了幾種不同的裙子與褲裙讓她輪流穿，而她其實只喜歡某一件裙子。

所以她每天都穿那件裙子。這通常不是大問題，因爲梅姬與經常造成災難的安妮不同，她不是莽撞的孩子，衣服總是很乾淨。

然而，有一天早上，我的丈夫查克（我們非凡的常駐早餐主廚）帶給我們驚喜，他準備了藍莓煎餅，這是難得的美食，尤其是在平日！我們都非常興奮，直到梅姬切開她的最後一塊煎餅，戳到一顆特別多汁的藍莓，那顆藍莓爆開，掉出盤子，落在她最愛的那條裙子上。

這眞是災難啊！

蘇庫普家出奇愉快的早晨立刻充滿了噪音，混合著哭聲（梅姬）、喊叫聲（查克，他同時擔任主廚與首席去污長）、歌聲（安妮，她完全不理會周圍發生的混亂，也不受其影響）、笑聲（整個情況的荒謬程度讓我發笑）。

幾分鐘內，那條裙子顯然無法被穿出門了，在此之前甜美又非常討喜的女兒消失，眞正的大戲開始了：她一直哭泣跺腳，不悅噘嘴，怒氣沖沖，直到我受夠了。

身爲媽媽的我用「別惹我」的語氣告訴她，她需要控制情緒，那只是一件裙子，而不是世界末日，她還有另外兩件非常好（其實是全新）的裙子可以穿。

然後，我稍微放緩語氣說：「親愛的，人生總有一些事會超出妳的掌控。妳的裙子毀了，我感到很遺憾，但妳仍然可以選擇是否要讓這件事影響妳。如果妳讓這件事毀了這一天，就是讓藍莓贏了，那眞的是妳想要的嗎？被藍莓打敗？」

這些話說起來很蠢，但至少在她再度噘嘴之前，讓她露出短暫的笑容。

人生有太多事情超出我們的控制，我們沒有能力預測未來或天氣，也無法預測將發生什麼世界大事與災難；我們無法選擇原生家庭、膚色、社經地位，也無法選擇智商高低；我們在任何時候都可能經歷意想不到的創傷、悲劇、疾病、挫折，甚至是我們從未預見的淘氣藍莓。

人生唯一確定的事，就是人生完全不可預料。

重點不在於其中一件事**是否**會發生，而是**何時**會發生，因爲它就是會發生，所以非常重要的一點是，你要了解唯一能掌控的只有自己，這是你存在的核心。

你無法控制自身遭遇或別人對待你的方式，但可以控制自己回應的方式。正如我們在第十章所見，無論是何種情況，你的掌控在於你選擇承擔的責任。

然而，請不要弄錯我的意思，對自己的人生負起全部責任可能讓人感到非常害怕，因爲你無處可躲藏，公開讓自己處於脆弱、赤裸、不加掩飾的狀態。那需要眞正的勇氣。

尋找榜樣，而非援救者

珍妮佛．馬克思（我在第十六章簡短提過她）經營導遊業二十年後，決定該嘗試新事物。她認眞工作，但是對這個迅速過時的行業感到愈來愈沮喪。

因此，她尋求一位曾面臨同樣狀況並能爲她指引方向的人來指導自己，這正是她在菁英部落格學院發現的東西。二〇一七年春天，她衝動地參加了課程，專注一心，並按照順序完成了每項作業。不到一年後，她的新創事業及網站JenniferMaker.com的收益遠遠超過原本的旅遊業收入。

當我問她會將成功歸功於菁英部落格學院的哪個部分，她解釋說，儘管她從事旅遊業多年，但從未有過榜樣——這個人曾經面臨同樣狀況並向她展示可能做到的目標。當她終於看到可能達成的目標，就意識到自己也能做到。

當你面對未知的事物，試著做以前從未做過的事，或者感到不確定時，尋找榜樣或其他人來指導你，是很自然的事。如果你在人生中努力做一件事，而有個人曾有同樣的處境，也達到目標了，並確切知道你目前的處境，這樣很好；有個人願意提供智慧及建議，甚至能確切告訴你作法，這非常有益。

無論你正經歷什麼狀況，道理都一樣。最能讓新手媽媽放心的人莫過於另一位媽媽，她能爲新手媽媽提供一切的親身建議，包括餵奶、長牙、好好睡一整夜。對一位企業家而言，最有益的事就是與經驗更豐富的企業主聊一聊或聽他們說話。

就許多職業來說，輔導與指導本身就很重要：專業運動員有教練，醫師一開始都是實習生，然後在經驗更豐富的主治醫師指導下成爲住院醫師。律師一開始當合夥人或助理，然後才往上爬。

沒有人希望自己單打獨鬥，獨自進入未知的領域。如果自己能跟隨別人的腳步，會讓人感到欣慰。如果知道自己嘗試的事可能做得到，因爲別人已經做到了，會讓人感到安心。

一般來說，榜樣、老師、心靈導師、人生教練都很棒，尤其是關於恐懼行事。

因此，如果你準備跨出舒適圈，嘗試新事物，那麼找一位能一路指導你的人是非常聰明的主意，這個人能幫助你避開陷阱，並讓你知道自己的作法正確。這可能意味著上課、聘請教練或是與已完成你想做之事的人交談。

不過，這其中有個圈套。

榜樣是你尋求指導的人，這與希望別人為你解決問題或指引方向截然不同。尋找榜樣與等待獲救並不相同。

理解其中差異至關重要。

當你積極尋找榜樣以獲得指導，就是承擔責任並掌控這趟旅程。你是主動而非被動。你了解榜樣的工作不是為你做好事情，而是讓你看看這件事做得到，並在這個過程裡提供指導。

如果你只是等待援救者，或者閒坐著希望有人協助而讓事情變得更輕鬆，就是讓自己成為受害者。更糟糕的是，你將所有掌控的力量都給了可能出現或不會出現的人。

珍妮佛．馬克思註冊菁英部落格學院時，最大的收穫是得到清楚的路線圖來達成想要的結果。不過，她仍是那位必須掌握那條道路，並動手去做的人。

我敢打包票，你不需要獲得拯救，但你可能需要一個榜樣。幸好，你放眼望去，到處都是榜樣、老師、人生教練、心靈導師，你只要開始尋找即可，他們將幫助你不再找藉口，並鼓勵你度過艱困時期。

如何尋找心靈導師

過去幾年間，我有許多不同的心靈導師，無論是正式或非正式的心靈導師，他們都協助了我的事業與生活，而我也樂於成為別人的心靈導師。

我了解到無論是生活或事業，獲得經驗更豐富的人所提供的觀點，是極度有影響力的事，它能讓你全力以赴，這是你永遠無法獨自做到的事，最後這通常是好事。

為什麼要有心靈導師？

心靈導師將協助你成長，他們能教導的事情，是你只與同儕互動時絕對學不到的東西。你可能認為自己在目前的圈子裡獲得很棒的觀點，但如果你從不跨出那個圈子，一定會錯失一些東西。

心靈導師未必是每週一起喝一次咖啡的人，可以是透過書籍、播客或部落格來激勵你的人。

要在心靈導師身上尋找什麼？

有許多人自稱是心靈導師、專家、企業教練、人生教練，但他們根本無權提供建議，有時是因為他們沒有任何實際經驗，或是他們善於自我提升，卻不善於教導與指導別人做到同樣的事。

如果你想尋找心靈導師，我建議你先密切注意對方在生活或事業獲得的成功：他們看到了你想看到的那種結果嗎？他們有償債能力嗎？他們的私生活有緊密穩固的關係嗎？尤其是你正僱用某個人當心靈導師的話，你可以問這些問題並要求對方回答透明。

這是強烈的警告：請不要採納沒有實際商業經驗的人提出的商業建議，這適用於你付錢以獲得指導的人，也適用於任何提供免費建議的人。請對自己傾聽意見的對象抱持謹慎態度，並忽略那些沒達到真正成果的人，無論他們看起來多有自信或多有權威。

你要尋找的第二個要項是，心靈導師是你可以向其學習的人，其教導風格與建議會引起你的共鳴。我們大腦的運作方式都略有不同，某些人的說話或教導方式將與你產生共鳴，別人的說話或教導方式則不會，這都無妨。

最後，請尋求推薦。詢問你所在之處其他人的推薦，不要害怕詢問潛在的心靈導師是否有你可以聊一聊的推薦人選。

你準備好接受指導了嗎？

一開始選用遠端教學的「虛擬」導師是沒關係的，但你終將面臨考慮付費給人生教練或心靈導師的時刻。現實情況是當你為某件事付費，往往會更重視它，你將更認真採納他們的建議，更可能實施其建議，最後獲得更好的結果。免費的建議不會發揮相同的效果。

如果你覺得私人的心靈導師是成長的重要一環，就這麼做吧！嘗試正式的教練計畫或智囊團，這是獲得你所需的個別關注並迅速成長的好方法。無論你是尋找虛擬的心靈導師遠距離教學，或者找一位導師一對一合作，你與心靈導師合作都能將你推向從未想像過的境界，而應該得到這種支持。

好藉口仍是藉口

我們都認識這種人：他們總是有某種藉口或託詞、說明不是他們犯錯的某個原因、讓他們擺脫困境的某種解釋、推卸責任的某個神奇方法。

也許你就是那種人。

畢竟，我們都不缺藉口。我丈夫經常開玩笑說，女人可以爲任何事情找到正當的理由或藉口。不過，我認爲不只有女人會那麼做，每個人都會，要想出正當的理由不太困難。

如果你正在找藉口，那麼永遠都能找到。但請記住，即使是很好的藉口，它仍然只是藉口。避免藉口症的唯一方法，是在任何情況下都拒絕讓它成爲選項。

無論在人生的任何階段，蘇西與艾迪都能從許多正當合理的藉口中選擇一個，例如成長在赤貧的環境、失能的家庭、毒癮、虐待、缺乏機會、一路上沒有指導者。

如果她們沒克服這一切，沒努力上進，沒有人會責怪她們，人們怎麼會責備她們呢？她們顯然是不公平體制的受害者，人們如何期望她們克服這些不利條件？

然而，她們都做到了，因此你也做得到。

不過，這始於無論如何都拒絕找藉口。

從現在起，請消除藉口，停止找正當理由（因爲你總會找到理由），專注於你能掌控的，那就是你自己。請停止尋找援救者，而是積極尋找可追隨的榜樣。別爲自己找脫身的方法，而是努力前進。

Chapter 21 保持振作

花點時間慶祝自己一路上的勝利

每個困境當中都有機會。

——亞伯特・愛因斯坦（Albert Einstein）

老實說，恐懼行事不適合膽小鬼。面對恐懼，以及追求宏大目標與夢想的過程，並非總是容易。

如果這個過程很容易，那麼每個人都會這樣做，它也就不特別、不重要或不值得注意，也不值得爲之奮鬥。

理論上，大多數人可能都了解恐懼行事很困難，但在實際層面上，這並不容易記住。當事情變得困難，或者失望情緒及障礙出現時，我們一開始感受到的所有樂觀及興奮，很快就會被沮喪、挫折、恐懼所取代。

我們不希望這變得很困難，不希望這帶來傷害，不希望弄髒自己的手，不希望必須爲自己想要的東西而戰，不希望感受到失敗帶來的痛苦或恥辱。我們不想面對逆境，不想冒險受到別人評判，不想承擔責任，不想發現自己不夠優秀而無法實現想要的目標。

當事情變得艱難時，我們很難持續保持振作，但這正是你最需要鼓勵的時候。雖然你可以閒坐等待，希望在某個地方或有某個人鼓勵你，但現實情況是你可能會等很久。

請記住，最後你唯一能掌控的就是你自己，你無法掌控自身遭遇，但能**掌控回**

應的方式。因此，你能爲自己做的其中一件好事，就是學習安排好防護措施，協助你避免並克服沮喪的感覺，在過程中找到更多快樂。

謹防中間的空隙

過去幾年間，我有幸在民營企業的智囊團爲一群女企業家提供輔導。這非常緊張激烈，在一整年的過程中，我樂於看到個人成長與事業成長。嚴格來說，我是老師，但我覺得自己學到的東西遠多過於我教導的東西。

雖然我確實對加入智囊團設下相當嚴格的申請流程，但並非根據申請者的事業規模、業務範圍或業務重點來選擇成員。相反地，我總是在尋找最有潛力的人，他們的心態及態度表明他們願意做這件事，即使他們才剛開始創業。此外，因爲該小組的每位成員都有相似的成長心態，因此大多數情況下，每個人的業務截然不同似乎不重要。

然而，這並不意味著「比較」永遠不會發生。

不久前，我們每個月一次的電話會議上，其中一名成員妮可（Nicole）對其他成員說，她感到非常沮喪，她一直很努力，做了上次工作坊裡爲她找出的所有優先事項，但她覺得事情進展不夠快，自己落後了。

妮可申請加入這個智囊團，儘管她才剛創業（她的嬰兒用品公司成立經營不到一年）。她奮發努力要成功，認爲一開始就順利的最佳方法就是與一群優秀的女性爲伍，她們已經歷過相同處境，還能爲她指引方向。

從許多方面來說，她完全正確。因爲她在這個小組獲得建議，將能大幅縮短學習曲線，並更大規模且更快速發展事業。

不過，正如我一開始提醒她，不是她參加了這個小組就會在一夕之間成功。我們首次一對一開會時，我解釋說她最大的危險不是還沒準備好加入這個智囊團，而是她可能掉入陷阱，將自己目前所處的階段（仍在奠定基礎）與該小組其他成員所處的階段做比較。

「妮可，妳必須爲掌控自己的旅程而奮戰。有時候，似乎其他人開始專注的事比妳目前的階段更讓人興奮。妳獲得的最大好處是看見可能實現的事。不過，如果妳不奠定自己的基礎，將永遠無法實現目標。」

她向我保證她了解這一點，我也知道她了解，但當所有日常瑣事發生，當事情開始讓人覺得困難，人類的本性就是會忘記那些提醒。事實上，這就是有一位人生教練或心靈導師來提醒你會大有助益的原因。

因此，當妮可出現在我們的小組電話會議，表示她感到沮喪挫折時，我溫和提醒她，這正是她現在必須面臨的階段。接著，我問她一個重要問題。

「妳多常回頭看看自己已經走了多遠？多常往前看著自己還得走多遠？」

妮可在回答前想了一下，然後承認：「我真的完全沒有回頭看，就只是一直看著我想去的所有地方。」

你幾乎可以看見她靈光一閃，正如她所說，那一刻改變了她。她真正覺得自己的觀點改變了。

從那時起，她開始寫「成功日記」，這是簡單的電子表格，用來記錄所有成功的事。她每天至少記錄一次勝利或成功的事，無論那件事多微不足道。這個每天重複一次的簡單舉動，改變了妮可的一切，她不再因爲缺乏進步而感到灰心，反而不斷想起自己已經走了多遠。

提到創造熱愛的生活，那些我們所發現並致力實現的宏大目標是關鍵，它們是點燃我們雄心壯志的催化劑，讓我們感到焦慮卻也充滿動力去做更多事，那些事超出我們以爲的能力範圍。它們爲我們提供奮鬥的目標，並爲我們早上跳出被窩提供了理由。

然而，這些宏大目標很重要，也帶來危險。

你在炎熱的晴天開車時，是否曾注意到前方有時似乎會有閃閃發光且充滿濕氣的景物？那被稱爲高速公路的海市蜃樓，根據維基百科的條目內容，這種情況發生的原因是「對流導致空氣溫度變化，道路表面的熱空氣及其上方密度較高的冷空氣之間的變化，產生空氣折射率的梯度」。⑰

這種海市蜃樓最讓人生氣的是，你永遠無法眞正到達那裡，不管開多遠或多久都到不了。它總是在前方某處，遙不可及。

不幸的是，我們的宏大目標有時可能讓人覺得像是高速公路的海市蜃樓，永遠遙不可及。它們並未激勵我們，而是成爲我們覺得受挫沮喪的原因，因爲它們看起來太遙遠了。當混亂的中間階段到來，事情開始變得困難、痛苦、激烈，你會感到灰心或確信自己永遠無法達到目標，這是很自然的事。

我們太容易落入「中間的空隙」了，它就位於你所處的階段及想到達的目標之間，你在這個地方擁有那些宏大的目標，而且總有許多事要做，但你從來無法成功。

如果我們將所有時間都花在這種「中間的空隙」，那麼即使我們確實達到目標或有所成就，也永遠不會覺得自己做到了。所以，重要的是每天花時間回顧而不是只向前看，花時間慶祝自己的勝利與成就，而不是繼續專注於尚未完成的所有事情。

擁有明確的目標很棒，而成爲目標導向的人可能是巨大的優勢，但如果你忘了專注於已完成的目標與正在完成的目標（即使你還沒達到目標），那可能會輕易擊敗你。

你必須沿路找樂趣，而不只是到達目的地，唯一方法就是跳脫「中間的空隙」。勇於向前看，看看有什麼可能實現的事，但也要記得回頭檢視自己走了多遠。

改變劇本

不久前，我與朋友凱爾（Kyle）聊到寫作的事，他說：「我真的很想專心寫部落格，但提到寫作，我就嚴重缺乏信心。小學五年級的老師告訴我，我寫的文章不好，每當我坐下來寫作，腦中都會聽到她的聲音，我認爲那就是始終讓我退縮不前的原因。」

我立刻發現了一個東西，你也看到了嗎？

那個東西是一種受限的信念，這種信念讓他無法發揮全部的潛力。

當然，我的朋友凱爾並非唯一以受限的信念看待自身能力的人，他不是唯一一位腦中有那種聲音告訴他不能做某件事的人。

我們都有那種聲音。

那種聲音可能告訴我們，我們不該要求加薪，或是在說我們不像同事一樣才華橫溢、機智風趣或談吐得體。那種聲音可能竊竊私語地說：「妳不是好媽媽」、「妳是糟糕的主婦」、「你永遠沒有條理」或「你的數學爛透了」。那種聲音可能告訴我們，我們眞的無法擺脫債務；說我們不夠聰明，無法成功；說我們太忙碌，無法追求宏大目標與夢想，或是在說我們沒時間閱讀、學習或爲自己做點事。

這種聲音可能警告我們不要嘗試新事物或冒險，因爲我們可能會失敗。這種聲音可能警告我們不要設法求助，因爲我們可能會遭到拒絕。那種聲音可能告訴我們不要投入全部的精力與心力追求夢想，因爲我們不確定身邊的人會說些什麼，那種聲音竊竊私語地說：「如果他們不理解呢？或者如果他們取笑我呢？」

無論你的那種聲音說了什麼，無論你受限的信念是什麼，它們都在。雖然我們無法永遠阻止那些受限的信念突然出現，也無法阻止那種聲音在我們耳邊竊竊私語，但我們可以拒絕注意它們！

受限的信念主宰我們的原因是，我們沒意識到腦中聽到的聲音未必是基於眞理，而是基於恐懼。

我們以爲自己聽到的訊息（聲音、想法、受限的信念）就是現實，而事實是那就只是聲音、想法或受限的信念。不能因爲腦中的聲音說某件事千眞萬確，就代表它確實是眞的，事實上那往往不是。

那只是一個想法。

一旦我們指出藏在受限信念或腦中聲音背後的恐懼，認識到受限信念的本質就是讓人退縮不前的想法，就能消除它對我們的掌控並克服它。我們可以說：「腦中的聲音告訴我，我不夠聰明，無法成功，但其實是我害怕犯錯。不過，即使是聰明的人也會犯錯，這就是他們學習的方式。」

這稱爲「改變劇本」，劇本是一直在你腦中重複播放的自我對話訊息，這個訊息不斷說著你不夠優秀、不夠聰明、不夠漂亮，或是你永遠不會成功，永遠不會條理分明，無法寫作、不該費心嘗試。

正是這個劇本會不斷對你說：「你做不到。」

如果你想停止收聽那個訊息，就必須想出某個方法以新訊息取代它。

請思考一下，如果目前你腦中的自我對話讓大腦相信關於自身的不眞實內容，那麼重塑大腦想法的最佳方法，是開始用確實的全新內容取代負面的自我對話訊息。

我們必須將播放的訊息改變成不會弄巧成拙的訊息。對於我的朋友凱爾來說，就是換掉腦中說著他不會寫作的訊息。如果每天一次，甚至每天數次，凱爾開始對自己說一些話，例如：「我寫得愈多，就會寫得愈好。磨練技巧需要時間與練習，而且我可以無限期地持續練習。一個人很久以前不喜歡我的作品，並不代表我沒有有益的話要說。許多人喜歡並欣賞我的作品，所以我會繼續寫作並不斷改進，這樣一來，我就可以透過文字發揮影響力。」你覺得會發生什麼事？

這可能要花一點時間，但他的大腦與潛意識將開始接受這個新訊息成爲新的眞理，那個對他說「他不是好作家」的受限信念就會逐漸消失。

不過，也請注意新訊息沒說的內容，那個訊息沒說：「我是世上有史以來最棒的作家，我是明星。沒人能寫得跟我一樣好。」此訊息不會引起共鳴，因爲凱爾不會相信它是正確的。

因此，新訊息必須採用目前正在播放的任何訊息，並以更正面、截然不同但非常具體的方式來重新表達。你必須誠實編寫，才能重新設置眞相並開始相信與吸收新訊息。

請改變劇本，而你將改變自身前途，這是必然的事。

持續充實自我

人類對於「鼓勵」有著難以滿足的需求。我們多常聽到別人稱讚我們聰明、有能力、美麗、勇敢或任何正面訊息，似乎都不重要，我們仍必須一次次聽到鼓勵。我們聽到之後，沒多久就再次忘了它。生活變得瘋狂、艱難、充滿壓力，而我們不知不覺產生自我懷疑及那些恐懼，信心突然再次消失。

因此，持續充實自我非常重要。你應該閱讀的心靈勵志書籍數量、最愛聖經經文或靈修文章數量，應該收聽的勵志播客數量、應該參加的活動或聚會數量，都不受限制，因爲當下讓人覺得很棒的活力、興奮、幹勁和靈感，最終都會消失。即使如此，你投入的訊息愈正面且愈讓人振奮，就愈可能保留其中一部分。

你必須繼續充實自我。

請養成在開車、健身或洗碗時收聽播客的習慣（播客Do It Scared是很棒的開始！），並設定讀書目標：每個月至少讀一本鼓舞人心的書或重複閱讀最愛的書。請密切留意你所在地區的事件與聚會，這會讓你非常興奮，還能結識志趣相投的人。請安排時間與那些會提出異議又會鼓勵你的朋友及心靈導師見面。

請積極保持動力，並將鼓勵及啓發列爲重點，讓你取得的進展不會消失。

練習自我照顧

幾年前，我做了從未做過的事情，而如果丈夫沒有建議與鼓勵我的話，我甚至不會考慮去做。

我去參加私人靜修。

整整四天的時間裡，我只讀書、寫日記、長時間散步與健行、做瑜珈、優閒洗澡，躺在游泳池畔。我完全不工作，眞正地遠離這個世界，而且我睡得很飽。

我回歸家庭及工作時，覺得完全充滿活力，精力十足，精神煥發。我沒意識到自己當時將近筋疲力竭，直到我去靜修，但光是那四天就非常棒了。這強而有力地提醒著通常喜歡忙碌的我，有時休息是我們能做的最富有成效的事。

從那之後，至少每隔幾個月，我就會騰出特意休息的時間去進行個人靜修。我的個性內向，卻花了許多時間從事外向的活動，獨處是唯一能保證讓我充電的方式。

幾個月前，當我在社群媒體發布其中一次靜修的照片，許多女性的回應讓我感到震驚，她們的評論包括「聽起來很棒，但我可能永遠做不到」或「哇，我眞希望能去靜修，但那不可能」。

我告訴你，這並非不可能。你的「靜修」未必要在五星級度假村度過精心規畫的假期。丈夫在週末帶著孩子去露營時，我的一些超棒的靜修經驗就是在家裡。你的靜修也未必要孤單一人！對我來說，一個人的時光能讓我恢復活力，但對於感到孤獨的外向者來說，與朋友共度週末可能讓你心靈滿足。

重點不是你做了什麼事情來照顧自己，而是確實爲自己騰出時間且不感到內疚。花時間照顧自己，對每個人都是更好的事。這有直接的好處：你可以開心玩樂，做自己想做的事情；你感到高興，放鬆，露出微笑。長遠來看，忽視自己的需求所帶來的壓力，會對身體、心靈、靈魂產生極度負面的影響。

當我們覺得繃緊到極點，就無法爲任何人或任何事全力以赴。請不時給自己一些「私人時間」，那就像釋放所有壓力的減壓閥，它能帶來更多的活力，並減少疲憊，有助於增強免疫系統，讓我們感到更冷靜，變得更友善，更能控制自己的情緒。

此外，花時間照顧自己的身心健康，將讓我們恢復照顧生活中其他人（配偶、孩子、朋友、親戚）的能力。我們感到充滿壓力時，最親近的人往往首當其衝，因此，我們照顧自己的話，他們也將從中獲得最大的好處。

儘管這可能讓人覺得自私或放縱，尤其是如果你從未這麼做，但其實不是如此。還記得飛機上使用氧氣面罩的原則嗎？請先戴上自己的氧氣面罩，再幫助別人，而自我照顧就是你能做到的最不自私的事。

慶祝每場勝利

勇氣是日常的決定，這個決定需要我們在面對恐懼時也願意採取行動，就算我們未必確定這條路通向何方，也繼續朝著目標邁進。

不過，即使你朝著目標前進，還是很容易忘記自己已經走了多遠，所以重要的是確保你不僅要向前看，還要回顧過去。因此，請記錄你的成功，寫下感恩日記或成功日記，花時間慶祝一路上的勝利。請創造新的自我對話劇本，這個劇本能以真理及誠實激勵你。請照顧自己並保持振作。

最後，請記住本書並不是被動讀物，而是鼓勵你在生活中採取行動的書。如果你還沒採取行動，我大力鼓勵你利用我們的資源及網站 doitscared.com 上的「Do It Scared 恐懼量表」，你可以在那裡找到能幫助你邁出旅程下一步的工具，並應用上面的課程。

因爲你比自己想像得強大，你做得到，而且可以恐懼行事。當你無論如何都繼續前進，就離創造熱愛的生活更近一步。

勇於實踐總覽

1. 宣示目標

如果只瞄準空氣，就只能打到空氣。請弄清楚自己的宏大目標，縮小專注的範圍，以保持正確的方向。

2. 找到原因

你非做不可的原因必須勝過恐懼，請確保自己知道這個特定目標對你很重要的原因，並創造催化劑來幫助自己保持動力。

3. 創造行動計畫

將宏大目標分割成可管理的小步驟，然後做出每日的決定以持續執行，真正離目標更近一步。

4. 成立真理俱樂部

請與那些能讓你變得更好的人爲伍。

請在生活中尋求當責，並積極與那些對你說實話、促使你克服恐懼、最終讓你變得更好的人們爲伍。

5. 停止比較

請對自己做的選擇及想追求的目標負起全部責任，然後專注一心，創造你喜愛的生活，而不是別人想要的生活。

6. 別再找藉口

拒絕爲生活中的任何事情找藉口，因爲好藉口仍然是藉口。別再爲自己找脫身的方法，而是選擇努力前進。

7. 保持振作

安排能激勵你的防護措施，花點時間慶祝自己一路上的勝利，並記得練習自我照顧。

致謝

如果沒有以下人員的協助與指導，就不可能有這本書。感謝你們對我的生活、工作、這本書的影響。

感謝查克，我的靠山，我的愛人、我最好的朋友，謝謝你無論如何都支持與鼓勵我。謝謝你在我想放棄時鼓勵我，在我需要督促時挑戰我，讓我發笑，並始終提醒我要採納自己的建議並恐懼行事。

感謝梅姬與安妮，我的寶貝女兒，我很愛妳們，深深以妳們為榮。感謝妳們一直提供我寫作的素材。妳們讓我保持謙卑，並提醒我什麼是重要的事。

感謝露絲．蘇庫普全媒體家族：蘿拉、海瑟、傑森、娜塔莉、潔西卡、克麗絲丁、艾瑪、梅莉莎、阿曼達、瑪姬、拉翠莎、艾胥麗、丹尼。感謝你們讓每天上班變成樂事，感謝你們全力以赴，支持我的瘋狂想法，在必要時拒絕我，並強迫我坐下來寫東西（即使是我不想這麼做的時候！）。我愛我們有建樹的衝突，我們的日常混亂，我愛你們始終督促我變得更好。我每天能與你們一起工作是多麼幸運的事！

感謝我敬重的朋友，無論是新朋友或老朋友都提供我亟需的當責、鼓勵、嚴厲的愛，謝謝艾麗莎、艾迪、邦妮、海瑟、蘿拉、娜塔莉、凱特、蘇西、格里、蘿拉、珍娜、雪莉、比爾、溫迪、麗莎、梅麗莎、瑞秋，我很感謝你們每一個人！

感謝葛蘭特與Launch Thought Productions團隊，謝謝幫助我們篩選所有研究，然後幫助我們構思「Do It Scared恐懼量表」的概念，並協助打造了這份量表。如果沒有你的團隊，就不會有這個出色的工具！

感謝羅利，謝謝你的耐心與督促。我很感激能再度與你合作另一本書！

謝謝查爾斯與梅格讓我們的書始終保持整齊，謝謝邦德總是幫助我們成功實現目標，而「全週期行銷」（Full Cycle Marketing）是本書的重要組成部分。

感謝Zondervan整個團隊協助本書成真並問世，尤其是卡洛琳（Carolyn）、艾莉莎（Alicia）、德克（Dirk）。謝謝我的文學經紀人安德魯・沃格默斯（Andrew Wolgemuth）。感謝史上最棒的公關人員艾胥麗・伯納迪（Ashley Bernardi）！

但同樣重要的是，我要感謝所有部落格讀者、播客聽眾、手帳顧客、菁英部落格學院的學生，你們形成了我們的出色社群。你們的熱情、勇氣和愛心每天都激勵著我！我喜愛看著你們恐懼行事，然後鼓勵別人也這麼做。我們可以一起改變世界！

附註

1. See Stanley Milgram, *Obedience to Authority: An Experimental View* (New York: Harper & Row, 1974).

2. Charles Duhigg, *Smarter, Faster, Better: The Transformative Power of Real Productivity* (New York: Random House, 2017), 31.

3. Jocko Willink and Leif Babin, *Extreme Ownership: How U.S. Seals Lead and Win* (New York: St. Martin's, 2015), 30–31.

4. See Helen Weathers, "Griffiths Lottery Win," *Daily Mail*, March 22, 2013, www.dailymail.co.uk/news/article-2297798/Griffiths-lottery-win-How-winning-1-8m-wreck-life.html.

5. See Teresa Dixon Murray, "Why Do 70 Percent of Lottery Winners End Up Bankrupt?" *Plain Dealer*, January 14, 2016, www.cleveland.com/business/index.

ssf/2016/01/whydo_70percent_of_lottery_w.html.

6. See Jimmy Evans and Allan Kelsey, *Strengths Based Marriage: Build a Stronger Relationship by Understanding Each Other's Gifts* (Nashville: Nelson, 2016).

7. Patrick Lencioni, *The Five Dysfunctions of a Team: A Leadership Fable* (San Francisco: Jossey-Bass, 2002).

8. See Brigid Schulte, "Making Time for Kids? Study Says Quality Trumps Quantity," *Washington Post*, March 28, 2015, www.washingtonpost.com/local/making-time-for-kids-study-says-quality-trumps-quantity/2015/03/28/10813192-d378-11e4-8fce-3941fc548f1c_story.html.

9. Angela Duckworth, *Grit: The Power of Passion and Perseverance* (New York: Simon & Schuster, 2016).

10. Carol Dweck, Mindset: *The New Psychology of Success* (New York: Ballantine, 2006), 6.

11. Brian Tracy, Eat That Frog: *21 Great Ways to Stop Procrastinating and Get More Done in Less Time* (San Francisco: Berrett-Koehler, 2001), 2.

12. Cited in Leo Widrich, "How the People around You Affect Personal Success," Lifehacker, July 16, 2012, https://lifehacker.com/5926309/how-the-people-around-you-affect-personal-success.
13. Susie Moore, *What If It Does Work Out? How a Side Hustle Can Change Your Life* (Mineola, NY: Ixia, 2016).
14. Edie Wadsworth, *All the Pretty Things: The Story of a Southern Girl Who Went through Fire to Find Her Way Home* (Carol Stream, IL: Tyndale, 2016).
15. "Perseverance, Determination, and Living Your Best Life: An Interview with Edie Wadsworth," transcript of episode 10, *Do It Scared with Ruth Soukup* podcast, https://doitscared.com/episode10.
16. "Perseverance, Determination, and Living Your Best Life."
17. "Mirage," Wikipedia, https://en.wikipedia.org/wiki/Mirage.

面對恐懼的勇氣：克服七大恐懼原型，拒絕做別人成見下的奴隸，創造自己想要的生活

作　　者——露絲．蘇庫普
　　　　　（Ruth Soukup）
譯　　者——廖綉玉
特約編輯——洪禎璐

發 行 人——蘇拾平
總 編 輯——蘇拾平
編 輯 部——王曉瑩、曾志傑
行 銷 部——黃羿潔
業 務 部——王綬晨、邱紹溢、劉文雅

出 版 社——本事出版
發　　行——大雁出版基地
　　　　　地址：新北市新店區北新路三段207-3號5樓
　　　　　電話：(02) 8913-1005
　　　　　傳眞：(02) 8913-1056
　　　　　E-mail：andbooks@andbooks.com.tw
劃撥帳號——19983379　戶名：大雁文化事業股份有限公司

美術設計——COPY
內頁排版——陳瑜安工作室
印　　刷——上晴彩色印刷製版有限公司
2020年03月初版
2023年12月二版1刷
定價　480元

Do It Scared

ISBN 978-626-7074-68-8
ISBN 978-626-7074-70-1（EPUB）

缺頁或破損請寄回更換
歡迎光臨大雁出版基地官網 www.andbooks.com.tw 訂閱電子報並填寫回函卡

國家圖書館出版品預行編目資料
面對恐懼的勇氣：克服七大恐懼原型，拒絕做別人成見下的奴隸，創造自己想要的生活
露絲．蘇庫普（Ruth Soukup）／著　廖綉玉／譯
---.二版.－ 新北市；本事出版　：大雁文化發行，2023 年 12 月
　面　；　公分.－
譯自：Do It Scared
ISBN 978-626-7074-68-8（平裝）
1.CST:恐懼　2.CST:自我實現
176.52　　　　112015974